単位が取れる量子力学ノート

橋元淳一郎

Junichiro Hashimoto

まえがき

　本書は，高校物理の知識で学べる量子力学の入門書である。

　大学初年級で学ぶ物理の中で，量子力学ほど面白そうに見える分野はないのだが，いざ，勉強をはじめてみると，一筋縄ではいかないことが分かる(みなさん，そう感じておられるのではなかろうか)。
　名著といわれる分厚いテキストを繙くと，最初から最後まで難解な数式で埋め尽くされて，何が何やらさっぱり分からない。かといって，やさしそうな薄いテキストを読むと，量子力学の考え方のようなものは書いてあるが，ほとんど天下り的であり，とても本当に理解したという気にはなれない。
　そんなことで，最初の意気込みもどこへやら，量子力学の奇妙さを面白おかしく紹介した巷の啓蒙書を，パラパラめくるくらいで留まっている学生さんも多いのではないだろうか。
　このような状況の最大の原因は，量子力学のテキストを書く側にあるのではないかと思う。
　分かりやすいたとえをすれば，現在，古典力学を学ぶのにニュートンの『プリンキピア』を読む人はいないであろう。
　少し誇張した言い方をすれば，現在存在する量子力学のテキストは，『プリンキピア』的記述を踏襲したものか，それともその難解さを避け，啓蒙的紹介書に徹したものかに，二分されているように思われる。
　しかし，その誕生から100年以上を経過した現在，量子力学は現代科学の基盤として，物理のみならず，化学，生物，医学，工学，コンピュータなど，科学のあらゆる分野で必須の知識となっている。そんな時代に，難解な数学を駆使したテキストはもはや時代遅れだろうし，かといって，水素原子の軌道とエネルギー準位がきちんと計算できないようなテキストでも困る。高校，あるいは大学初年級程度の比較的やさしい数

学的知識だけで，十分に学べるテキストがあってしかるべきであろう（本書がそれに成功しているかどうかは自信がないが）。おそらく，100年もすれば，量子力学は中学校で学ぶ必須の物理となっているのではあるまいか。

　そういうことで，読者の方々に期待することは，量子力学を学ぶことの知的興奮をつねに体感しつつ，その実践的学習においては，100年後の中学生が理解できるレベルなのだという自信と余裕をもって頂くことである。

　とはいえ，量子力学には，力学や電磁気学以上の数学的知識が必要である。付録「やさしい数学の手引き」や『力学ノート』『電磁気学ノート』の付録などを，ことあるごとに参照して頂きたい。その上で，ぜひ自ら鉛筆をとって，図を描き，数式を書き，という作業を何度も繰り返せば，かならずや量子力学をマスターしたという気になれるであろう。それはまた，単位を容易に取れるということでもある。

　最後に，本書の企画から編集まで終始お世話になった講談社サイエンティフィクの三浦基広氏に心より感謝の意を表します。

2004年3月

神戸・御影にて
橋元淳一郎

単位が取れる量子力学ノート
CONTENTS

		PAGE
講義 01	量子力学の学び方	6
講義 02	高校物理で解ける量子力学	12
講義 03	粒子性と波動性	28
講義 04	波動の基本	40
講義 05	シュレーディンガー方程式を導く	60
講義 06	波動関数の確率解釈	74
講義 07	シュレーディンガー方程式を解く 1	90
講義 08	シュレーディンガー方程式を解く 2	102
講義 09	水素原子 1 ──角 φ 方向の解──	120

			PAGE
講義	**10**	水素原子 2 ──角 θ 方向の解──	134
講義	**11**	水素原子 3 ──r 方向の解──	150
講義	**12**	角運動量	166
講義	**13**	量子力学の構造 1 ──演算子・固有値・固有関数──	182
講義	**14**	量子力学の構造 2 ──不確定性原理と交換子──	198
講義	**15**	量子力学の構造 3 ──マトリックス表示とスピン──	218
講義	**16**	エピローグ ──哲学風考察──	238
付録		やさしい数学の手引き	246

ブックデザイン────安田あたる

講義 LECTURE 01 量子力学の学び方

　まえがきでも述べたように，本書は高校物理の知識で学べる量子力学の入門書である。前提とすることは，原子や電子といったミクロの世界に対する素朴な興味と，ちょっとした数学的準備だけである。もしあなたがそのような物理的世界に純粋な興味をもっておられれば，量子力学を理解したときの歓びは，ニュートン力学を理解したときのそれをはるかに上回るものになるだろう。

　とはいえ，量子力学の本質は深遠であり，ある意味難解であることは認めざるをえない。そこで，そのような，面白そうではあるが，いささか難解な物理学を，労少なく，楽しく理解するために，本論に入る前にちょっとしたアドバイスをしておくことにしよう。本講の目的は，量子力学の勉強の心構えを示すことである。

　まず，量子力学の難しさには，2つの側面があることを知っておいて頂きたい。

　1つは「哲学的側面」であり，もう1つは「数学的側面」である。哲学的側面というと，ちょっと大袈裟に聞こえるかもしれないが，量子力学の本質を考えていくと，行き着く先は哲学にならざるをえないのである（本書では，あまり深くは立ち入らないけれど）。

●ゼノンのパラドックス

　まえおきとしては少々唐突であるが，古代ギリシャの哲学者ゼノンの有名なパラドックスの話をしよう。

> 飛んでいる矢は，一瞬一瞬を見ると静止している。静止している矢が，なぜ動くことができるのか？

図1-1●ゼノンのパラドックス――瞬間瞬間，止まっている矢が，なぜ動けるのか？

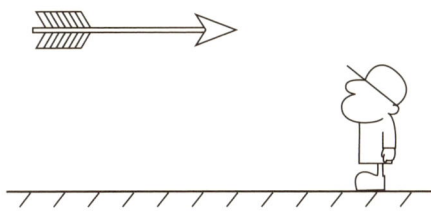

　このパラドックスは，量子力学など使わなくても，簡単に論破できるような気がする。数学の微分の知識があると，「一瞬」という言葉にごまかしがあるのではないかと気がつくだろう。

　じっさいの実験ではこうである。「一瞬」を捉えるために，カメラのシャッター・スピードを1000分の1秒にして飛ぶ矢を撮影する。これは1000分の1秒という有限の時間だから，本当の一瞬ではない。その結果，飛ぶ矢は一見，静止しているように見えるが，画像を拡大してみると，飛んでいく方向に少しぶれている（この「ぶれ」の長さを，1000分の1秒で割り算すると，その間の平均速度が分かる）。

　ぶれが生じたのは，シャッター・スピードが長すぎたためである。これを1万分の1秒にすると，ぶれは10分の1くらいに短くなり（ここからは，観念的操作であるが），これをどんどん極限まで進めていけば，いわゆる「一瞬」に行き着くであろう。時間を0へと収束させるので，ぶれの長さも0へと収束する。つまり，$\lim \Delta t \to 0$ とすれば「ぶれの長さ $\Delta x \div$ 時間 $\Delta t =$ 有限な速度 v」となるからいいのである。ゼノンさんは微分という操作を知らなかったから，こんなへんなパラドックスを思いついたのだ――ということで解決したような気になるのである。

　しかし，本当にそうであろうか。

　上の極限操作には，暗黙の仮定がある。それは，測定時間を極限的に0まで短くしたとき（すなわち，矢の位置のぶれをなくしたとき）に，有限な速度の確定値が存在するという仮定である。ニュートン力学は，この仮定を前提に出発する。しかし，量子力学はこの仮定を否定するのである。

量子力学の基本的な原理である 不確定性原理 (講義 4 および 14) は，物体の位置と運動量を同時に正確に決定することは不可能であると主張する。運動量は，質量 m × 速度 v だから，運動量を正確に決めるということは，速度を正確に決めるということと考えてよい。

そこで，ゼノンのパラドックスを量子力学風に表現するなら，次のようになる。

> 矢の位置を確定すると，矢がどんな速さで飛んでいるのかまったく分からなくなる。矢の速さを確定すると，矢がどこにあるのかまったく分からなくなる。

図1-2● 位置を確定すると，速度が分からなくなる。
速度を確定すると，位置が分からなくなる。

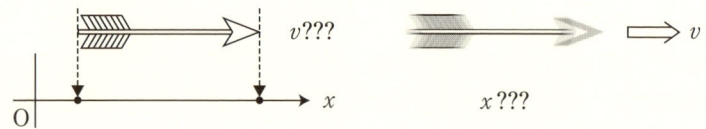

不確定性原理が主張することは，われわれの常識になじまないような気がするが，それはわれわれがニュートン力学に「洗脳」されているからに他ならない。古代ギリシァの素朴な自然観に立ち戻るなら，量子力学こそ真実を伝えていると思えてくるだろう。

ゼノンのパラドックスは，量子力学の哲学的側面を垣間見させてくれる1つの例にすぎない。われわれは，講義13～15において，もっと高度な量子力学の本質を知ることになるだろう。そこまで読み進めて頂ければ，量子力学の本当の面白さというものが見えてくることを保証いたします。

しかし，とりあえずは，こうした哲学的側面のことは脇において読み進めて頂いて一向に構わない。はじめから哲学的議論をしなくとも，物理的，数学的必然として，ごく自然な形でわれわれはそこに辿りつくことになるからである。

●量子力学の数学的難しさ

　量子力学に登場する数学は，かなり高度である。たとえば，水素原子という単純な系でさえ，その状態をきちんと記述しようとすれば，ルジャンドル陪関数などという面倒な数学を用いなければならない。

　しかし，そのような難しさは，たんなるテクニックの問題にすぎない。1本の弦の振動なら，高校の数学程度で十分に表現できるが，球状の水滴を振動させたときに，その表面にどんな波が生じるかというような問題は，当然，複雑なことになるだろう。まったくそれと同じである。そんなわけで，高度な数学を知らなくても（本書ではそのとば口まで進むことにはなるが），量子力学の本質を理解することは可能なのである。もちろん，高度の数学を使いこなせればこなせるほど，理解は深まる。しかし，高等数学に振り回されて，茫然自失となってしまうよりは，できるだけやさしい数学で，本質的なことを理解する方がいいのに決まっている。本書は，一貫してそういう立場である。

　ただし，すべてを高校の数学で済ますこともできない。読者の方々は，おそらく大学教養課程の力学と電磁気学はすでに学んでおられるであろう。そこで登場した程度の数学的知識は，準備しておいて頂きたい。といっても大したことではない。『力学ノート』『電磁気学ノート』の付録，および本書の付録の「やさしい数学の手引き」をよく読んで，理解しておいて頂ければよいのである。

　とくに，「複素数」と「演算子」（電磁気学で登場した，「ちゅうぶらりん」演算子，たとえば $\partial/\partial x$ のようなもの）が，量子力学では本質的役割を果たすことを，蛇足的ではあるがアドバイスとしておこう（これも，読み進めて頂ければ，おのずと明らかになってくる）。

●本書の構成

　一般に量子力学のテキストというのは，難解なことを書いてあるように見えるが，扱っている物理現象の大部分は，きわめて単純なものなのである。

すなわち，まず 光(電磁波)の粒子性 と 物質の波動性 ということを述べ，その後は物質の代表としての1個の電子(質量 m の粒子)の振る舞いを，いろいろなケース(自由空間にあるときや，クーロン力に囚われたとき，あるいはスピンなど)について説明するという，ただそれだけのことである。

本書もまた，大部分が1個の電子(質量 m の粒子)の振る舞いの説明である。

だから，話がややこしくなってきたら，いつも「これはたった1個の電子の状態を，手を替え品を替えて説明しているにすぎないんだ」と自分自身に言い聞かせてほしい。

本書の方針は，最初から厳密な定義や難しい哲学的議論をせずに，高校物理から少しずつ学んでいくことである。厳密に体系的に書かれた分厚い名著を読むことが，量子力学を学ぶ「王道」だとすれば，本書のやり方は，他のテキストではやっていない，いわば「裏わざ」である。しかし，表か裏かは問題ではない。大事なことは，できるだけ簡単に，本質を見失うことなく，量子力学を理解することである。

そんなわけで，講義2では，高校物理の知識だけで電子のエネルギー準位を計算する。これはもっとも手っ取り早い量子力学速習法である。もちろん，この段階では，量子力学の本質はまだベールの後ろに隠れている。しかし，それでも水素原子や井戸型ポテンシャル(箱型ポテンシャルとも呼ぶ)のエネルギー準位が，正しく導けるのである。

しかし，読者の方々はもちろんこれだけでは満足されないであろう。本書を読まれる方なら， シュレーディンガー方程式 という名前くらいは聞きかじっておられるであろう。本書の最大の目的は，量子力学の中心にあるシュレーディンガー方程式を導くこと(講義5)，そして，その方程式を具体的に解いてみることである。

シュレーディンガー方程式を，できるだけ簡単に，かつ納得ずくで導くためには，ちょっとした準備が必要である。それは，電子(質量 m の粒子)がもつ粒子性と波動性という二面性を理解することに尽きる。講義3と講義4でそれをおこなう。

シュレーディンガー方程式を解くことは，たんなる計算といってしまえばそれまでである。しかし，学生諸君にとっては，いちばん量子力学をやっていると感じられるところではなかろうか。方程式があってそれを解くというのは，勉強しているという実感を味わえるからである。講義7から講義12まで，やさしいところから少し複雑なところまで，具体的にシュレーディンガー方程式を解いてみる。

　講義13～講義16では，一通りシュレーディンガー方程式を理解したところで，量子力学の本質を，できるだけやさしくお話しする。ここまで読み進んで頂ければ，きっと物理学の新しい眺望が開けてくることであろう。

　それでは，まえおきはこれくらいにして，さっそくはじめよう。

講義 LECTURE 02 | 高校物理で解ける量子力学

　本講の目的は，高校物理の知識で，手っ取り早く量子力学の問題を解いてみることである。

　高校で原子物理の勉強をされた方なら，復習をかねた練習くらいに思って頂いてよい。もし，高校で物理を勉強されていなかったら，拙著『物理・橋元流解法の大原則2』(学習研究社)の原子物理の項にざっと目を通して頂けばよいだろう。

●光の粒子性と物質の波動性

　量子力学の第一歩は，波動であるはずの光(電磁波)が粒子のように振る舞うことがあり，粒子であるはずの物質(代表として電子)が，ときとして波動のように振る舞うというところからはじまる。

　ここで，粒子と波動の特徴を確認しておこう。

図2-1●粒子　　　　**図2-2●波動**

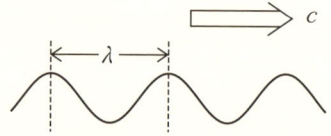

　粒子は(剛体とも考えられるが，一応質点として)，空間の1点にあり，質量や電荷をもち，ある速度をもった存在である。ここで，粒子の質量と速度をかけた量 mv は**運動量**(ベクトル)と呼ばれ，ニュートン力学においても重要な量であった。また，$\frac{1}{2}mv^2$ は**運動エネルギー**(スカラー)と呼ばれ，これもまた重要な量である。運動量を p，運動エネルギーを E で表すと，

$$p = mv$$
$$E = \frac{1}{2}mv^2$$

である。

それに対して波動は，媒質の振動が伝わっていく現象であるが，水の波なら媒質は水の分子であり，音波なら媒質は空気の分子である。つまり，日常生活に身近なこうした波は，けっきょくは物質粒子の運動として説明できるはずである。

ところが自然界には，媒質を伴わない波動が存在する。光(電磁波)である。光は真空中を伝播していくが，これは電場と磁場の相互作用によって生じる波で，けっして粒子の集合として説明することはできない。

われわれが興味の対象とするのは，この電磁波である。

電磁波は(他の波動もそうであるが)，振動数 ν と波長 λ をもち，空間をある速さ c で伝播する(じっさいには波長や振動数がはっきりしない複雑な形の波もあるが，どんな形の波も，さまざまな波長の正弦波をたくさん足し合わせたものとして表すことができる)。そして，これらの物理量の間には，

$$c = \nu\lambda$$

という関係が成立することは，おなじみであろう。

電磁波もまた(古典論であるマクスウェルの理論にしたがって)エネルギーと運動量をもつが，当面の議論には必要ないので言及しない。ただ，「電磁波の運動量＝電磁波のエネルギー÷c」という関係は，量子力学においても重要である。

さて量子力学は，この粒子(電子)と波動(光)に，新たな性質を付加するのである。すなわち，光は粒子性をもっており(**光量子**あるいは**光子**と呼ぶ)，そのエネルギー E と運動量 p (ベクトル量であるが，ここではその大きさを p としておく)は，波動の物理量である ν と λ を使って，

$$E = h\nu$$
$$p = \frac{h}{\lambda}$$

と表せるのである。ただし，h は**プランク定数**で，その値はおよそ，

$$h = 6.63 \times 10^{-34} \ [\text{J·s}]$$

図2-3●光量子(粒子としての光)

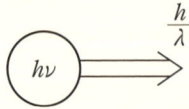

なぜこのような関係が成立するのか不思議ではあるが，それについてはあらためて考察することにする(講義3)。ここで明言できることは，**光電効果**や**コンプトン効果**といった実験によって，上の関係が正しいことが確かめられているということである(光電効果とコンプトン効果は，量子力学の成立に欠かせない重要な物理現象であるが，当面は高校物理の知識で十分である。勉強しなかった人は，前述の拙著を見られたし。アインシュタインが光量子仮説によって光電効果の謎を解いたのは，1905年のことである)。

一方，光が粒子性をもつのと呼応して，電子(一般に質量 m の粒子)は波動性をもつ(有名な ド＝ブローイの物質波 である。この物質波としての電子こそ本書の主役である。物質波は，粒子の集合でもなければ電磁波のような存在でもない。その本性はおいおい分かってくるであろう)。

波動である以上，振動数や波長をもつことになるのだが，とりあえずここで重要なのは波長である。そして，面白いことに，物質波の波長 λ は，粒子としての光(光量子)の運動量の式 $p = h/\lambda$ から導くことができる。すなわち，

$$\lambda = \frac{h}{p}$$

図2-4●物質波(波動としての電子)

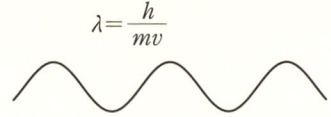

電子は粒子であるから，その運動量は上にも書いたように，mv である。よって，

$$\lambda = \frac{h}{mv}$$

エネルギーはスカラー，運動量はベクトルである．よって，この式は，本来はベクトルになるはずなのであるが，ここではその大きさだけを扱うことにする．

とりあえず必要なことは，以上である．

以上のことと，高校物理の力学，電磁気学，波動の知識だけから，さっそく電子のエネルギー準位という量子力学の問題を解くことにしよう．

問 1 水素原子は，$+e$ の正電荷をもつ陽子の周囲を，$-e$ の負電荷をもつ電子がクーロンの引力によって回っているというモデルで（古典的には）説明できる．陽子の質量 M は電子の質量 m より 2000 倍近く大きいので，ちょうど太陽と地球の関係と同じように，陽子は中心に静止していて，その周りを電子が回転しているとみなせる．いま，電子は速さ v，半径 r の等速円運動していると仮定して，電子の運動方程式を書け．

図2-5●水素原子

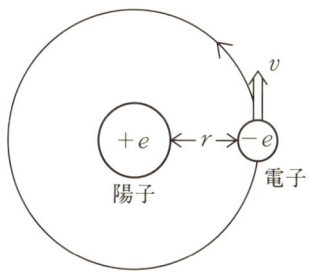

また，このとき電子がもっているエネルギー（運動エネルギー＋クーロン力のポテンシャル・エネルギー（無限遠を 0 とする））を求めよ．

ただし，真空の誘電率を ε_0 とする．

解答 電子が陽子から受けるクーロンの引力の大きさ F は，

$$F = \frac{1}{4\pi\varepsilon_0}\frac{e^2}{r^2}$$

である（『電磁気学ノート』講義 2 参照）．

この力は中心力であり，円運動の動径方向（中心方向）を向いているか

ら，動径方向の運動方程式は(『力学ノート』講義6)，

$$m\frac{v^2}{r} = \frac{1}{4\pi\varepsilon_0}\frac{e^2}{r^2} \quad \cdots\cdots ① \quad (答)$$

また，電子がもつクーロン力のポテンシャル・エネルギー U は，引力なので無限遠にあるときより低い，すなわちマイナスであることを考慮して(『電磁気学ノート』講義3)，

$$U = -\frac{1}{4\pi\varepsilon_0}\frac{e^2}{r}$$

であるから，電子がもつ全エネルギー E は，

$$E = \frac{1}{2}mv^2 - \frac{1}{4\pi\varepsilon_0}\frac{e^2}{r} \quad \cdots\cdots ② \quad (答)$$

である。

図2-6 ● クーロン・ポテンシャル

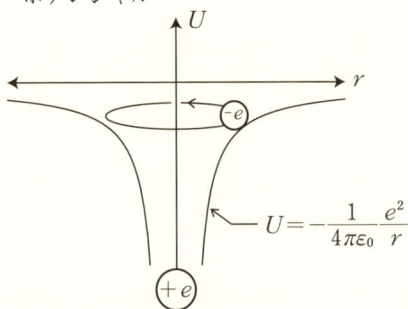

円運動の場合に限り，式①より，

$$mv^2 = \frac{1}{4\pi\varepsilon_0}\frac{e^2}{r} \quad \cdots\cdots ①'$$

となるから，式②のエネルギーの式は，v または r のどちらかで表して，

$$E = -\frac{1}{2}mv^2 \quad \cdots\cdots ②'$$

または，

$$E = -\frac{1}{8\pi\varepsilon_0}\frac{e^2}{r} \quad \cdots\cdots ②''$$

と書くことができる。◆

演習問題 2-1 水素原子のエネルギー準位

水素原子を構成している電子は，陽子の周りに円形の定常波として存在すると仮定して，電子の軌道半径とエネルギー準位を求めよ。ただし，問1のクーロン力を受けて円軌道を描いているという仮定も成立しているものとする。プランク定数を h とする。

解答&解説 一方でクーロン力を受け円運動する粒子を認め，なおかつ，波動として存在するというのは，矛盾しているような気がするが，ここではそのような詮索はやめ，両方の仮定を是として計算する。

電子を弾性的な円形のリングだとみなすと，このリングが(共鳴して)振動する様子は，図(a)のように描けるだろう。

図2-7

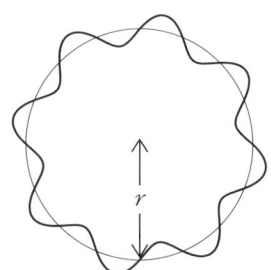
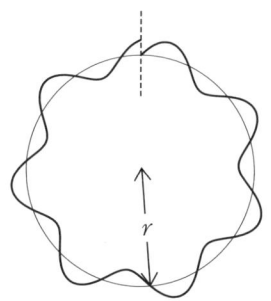

(a) 円周上にぴったり整数個

(b) ぴったり整数個でないため，連続した定常波が作れない。

これは，高校物理でおなじみの弦の振動の円形版だと思えばよい。ギターの弦を丸くつないで，はじいたようなものである。このとき，振動が減衰することなくつづくためには，円周の中に波がぴったり整数個入っていなければならない。そうでないと，1周したときの振幅が一致しないので，波はすぐに減衰してしまう図(b)。

電子の波長を λ として，円周 $2\pi r$ の中に整数個の波がないといけないから，その条件は，$n=1,2,3,\cdots$ として，

$$2\pi r = n\lambda$$

この λ に，物質波の波長，

$$\lambda = \frac{h}{mv}$$

を用いて，

$$2\pi r = \frac{nh}{mv} \quad \cdots\cdots ③$$

クーロンの引力と電子の波動性の両方を認めると，われわれは問1の式①と，上の式③の2つの条件を得たことになる。これらの式は，r と v を未知数とする連立方程式とみなせるから，それらを解くことができる。

ここで注目したいことは，もし式①だけしか条件がなかったら，r は（連続した）任意の値をとることができる。そして，それに応じて v が決まる。これは，地球の周りを円運動する人工衛星の軌道と同様である。すなわち(技術さえ伴えば)，人工衛星はどんな高さの軌道にでも乗せることができる。そして，その高さに応じて速さが決まるのである(地球の自転に対して相対的に静止している静止衛星軌道が，赤道上空36000キロメートルと決まっているのは，その例)。

しかし，ここで条件③を新たに課すと，当然のことながら，未知数2つに式2つだから，r と v が確定されることになる。

ただし，解は1つではない。n が $1, 2, 3, \cdots$ という正の整数値をとるので，それぞれの n に対して，r と v が決まることになる。物理的にいえば，波動としての電子が，円周の中に1波長，2波長，3波長，…と入るとき，それらに応じた軌道が決まるということである。

後は，中学校レベルの連立方程式である。ここで，式①より式①′の方が，r を1つ消してあって計算しやすいから，そちらを使おう。もう一度，書いておくと，

$$\begin{cases} mv^2 = \dfrac{1}{4\pi\varepsilon_0} \dfrac{e^2}{r} & \cdots\cdots ①' \\ 2\pi r = \dfrac{nh}{mv} & \cdots\cdots ③ \end{cases}$$

面倒だが，しこしこと計算し，(v を消去し) r を求めると，

$$r = \frac{\varepsilon_0 h^2}{\pi m e^2} \times n^2 \quad (n = 1, 2, 3, \cdots)$$

$\varepsilon_0 h^2/\pi m e^2$ の部分は，ややこしそうだがたんなる定数(長さの次元)だから(これをボーア半径と呼ぶ)，それを a とでもおくと，
$$r = n^2 a$$
すなわち，電子の軌道半径は，
$$a, \ 4a, \ 9a, \ 16a, \ \cdots$$
というふうに，大きくなっていくことが分かる。重要なことは，電子は勝手な軌道をとることができず，許された軌道は跳び跳びであるということである。

図2-8●電子の軌道は跳び跳びになる。

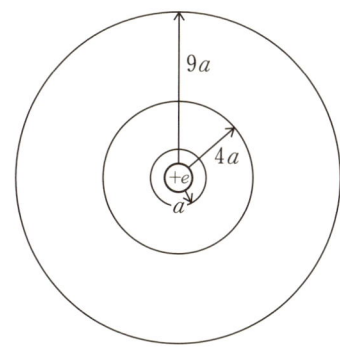

次にエネルギーを求めよう。
問1の式②″
$$E = -\frac{1}{8\pi\varepsilon_0}\frac{e^2}{r}$$
に，上の r の結果を代入すればよい。そうすると，
$$E = -\frac{me^4}{8\varepsilon_0^2 h^2} \times \frac{1}{n^2}$$
これも前のややこしい定数部分を ξ とでもおけば，
$$E = -\frac{\xi}{n^2}$$
となり，電子がもてるエネルギーは，
$$-\xi, \ -\frac{\xi}{4}, \ -\frac{\xi}{9}, \ -\frac{\xi}{16}, \ \cdots$$
と跳び跳びの値となる。

図2-9● 電子のエネルギーは跳び跳びになる。

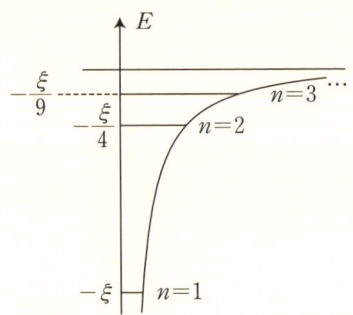

　これを 水素原子の**エネルギー準位** と呼ぶ(正確には，水素原子における電子のエネルギー準位であるが，陽子のエネルギーは変化しないだろうから，ふつうはこう呼ぶ)。
　以上の結果は，電子の古典的なイメージと波動性という両方を使っているという点で，納得しがたいものが残るかもしれないが，じっさいの実験結果とぴったり一致するという事実は動かしがたいのである。◆

●量子力学を創った人々

プランク(1858-1947)

演習問題 2-2　リュードベリ定数

水素原子が発する光のスペクトルは，その波長を λ として，次のような関係をみたす線スペクトルであることが，19世紀末には実験的に確かめられていた。

$$\frac{1}{\lambda} = R\left(\frac{1}{n^2} - \frac{1}{n'^2}\right)$$

ただし，R はリュードベリ定数と呼ばれる定数。n, n' は正の整数で $n' > n$ である。

演習問題 2-1 の結果が上の関係式をみたすことを示し，リュードベリ定数 R を，電子の質量 m，プランク定数 h，真空中の光の速さ c，真空の誘電率 ε_0 を用いて表せ。

解答&解説　水素原子が発する光は，電子が高いエネルギー準位から低いエネルギー準位に落下するときに放出されるものと考えられる。高いエネルギー準位を $E_{n'}$，低いエネルギー準位を E_n とし，このとき1個の光量子(エネルギー $h\nu$)が放出されるとすれば，

$$h\nu = E_{n'} - E_n$$

図2-10●電子が失ったエネルギー分の光量子が放出される。

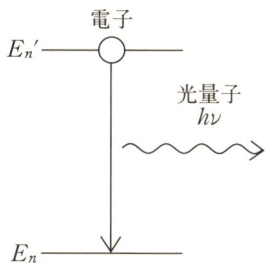

この式の左辺に光の $c = \nu\lambda$ の関係を，右辺に演習問題 2-1 のエネルギー ξ を代入すれば，

$$\frac{hc}{\lambda} = -\xi\left(\frac{1}{n'^2} - \frac{1}{n^2}\right)$$

よって，

$$\frac{1}{\lambda} = \frac{\xi}{hc}\left(\frac{1}{n^2} - \frac{1}{n'^2}\right)$$

すなわち，

$$R = \frac{\xi}{hc}$$

とすれば，問題文の関係式と一致する。

$$\xi = \frac{me^4}{8\varepsilon_0^2 h^2}$$

だから，

$$R = \frac{me^4}{8\varepsilon_0^2 h^2}\frac{1}{hc}$$

$$= \frac{me^4}{8c\varepsilon_0^2 h^3}$$

この値は，それぞれの定数の値を代入すると，およそ

$$R = 1.10 \times 10^7 \ [1/m]$$

となり，実験により求められたリュードベリ定数と一致する。◆

なお，$n=1$(基底状態)より低いエネルギー準位はないので，電子が $n=1$ の基底状態にあるとき，この水素原子はもはや光を放出することなく安定である。

一方，古典論では，ちょうど人工衛星が地球大気との摩擦によって落下することがあるように，(理由は異なるが)電子は連続的に光を放出して最後は陽子に落下していくことになってしまう。

現実の水素原子は安定であるから，このこともまた，電子の定常波モデルを支持するのである。

●跳び跳びのエネルギーは電子の波動性から必然的に導かれる

量子力学の発端は，マックス・プランクによるエネルギー量子の発見であった(1900年)。これは，物質系が光とエネルギーのやりとりをするとき，そのエネルギーの大きさは，勝手な値をとれるのではなく，$h\nu$ の整数倍の値しかとれないというものである。いわば，エネルギーの1円

玉のようなものがあるということである(ただし,光の振動数 ν は連続的に変化できるから,不変なエネルギーの1円玉があるわけではない)。

光量子をはじめとして,量子力学では跳び跳びの値をとる物理量というのが,しばしば登場する。水素原子のエネルギー準位もまたそうである。これは量子力学の特徴の1つであるが,そのようなことが起こるのは,演習問題2-1で見たように,電子が波動であって,決められた領域内で定常波を作るということから説明できるわけである。

しかし,ここで注意しておかなくてはならないことは,電子は確かに波動性をもっているが,電子の本当の姿は,われわれがふつうに思い描いているいわゆる「波」というものとは違うということである。このような謎めいた言い方に,不満をもたれる読者もおられるであろうが,それは講義を追うごとに次第に明らかになってくるのでご辛抱頂きたい。

水素原子のエネルギー準位を最初に導いたのは,ニールス・ボーアであるが(1913年),それはド=ブローイが物質波というものを提唱する10年も前のことであった。つまり,当時ボーアは,電子が波動として存在するということなど思ってもみなかったのである(ボーアの方法を理解するには,解析力学の知識が必要である。本書では残念ながら,それにはふれない)。

そんなわけで,電子がどのように存在するのかということについては,波動という考え方なしでも説明できるのである。量子力学は,成立当初(1926年頃),2つの方法で語られていた。1つは,ハイゼンベルクのマトリックス力学であり,もう1つがシュレーディンガーの波動力学である。これらは,数学的にはまったく同等のことをいっているのであるが,波動力学の方が直感的なイメージが得やすく,また問題を解くのも比較的容易なので,その後,シュレーディンガーの方式が主に採用されるようになったのである。

本書もまた,主にシュレーディンガーの波動論の立場で話を進める。その利点は,演習問題2-1で明らかであろう。簡単な連立方程式を解くだけで,水素原子のエネルギー準位が出てくるのだから。

実習問題 2-1　1次元の無限に高い井戸型ポテンシャルを解く

次のような1次元のポテンシャル・エネルギー V を考える。

図2-11●無限に高い井戸型ポテンシャル

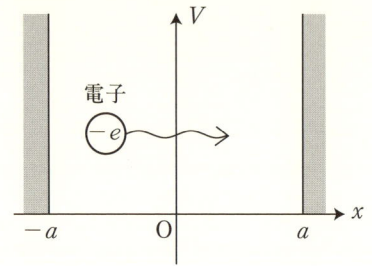

$-a < x < a$ で，$V=0$
$x \leq -a$ および $a \leq x$ で，$V = \infty$

このようなポテンシャル・エネルギーの障壁の中に囚われた1個の電子のエネルギー準位を求めよ。ただし，電子の質量を m，プランク定数を h とする。

解答&解説　電子は，このポテンシャルの中に定常波として存在するとしよう。$x = \pm a$ でポテンシャルは無限に高くなっているから，そこでは電子の波の振幅は0だとみなすことにする。そうすると，この問題は両端が固定端である長さ $2a$ の弦に生じる定常波の問題と同じになる。

すなわち，弦の振動と同じく基本振動では，長さ $2a$ の中にちょうど半波長，2倍振動では1波長，3倍振動では1.5波長，…となるから，$n = 1, 2, 3, \cdots$ として，n 倍振動における波長 λ_n は，

$$\lambda_n = \frac{4a}{n}$$

ここで，電子の運動量を p とすれば，物質波の波長 λ は，

$$\lambda = \frac{h}{p}$$

であるから，λ_n に対応する運動量を p_n として，

図2-12●長さ $2a$ の弦の振動と同じ。

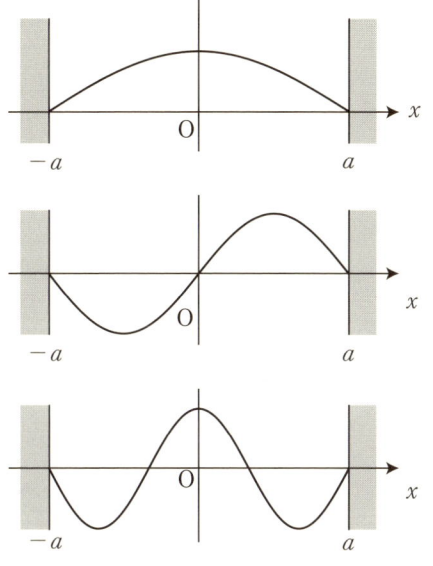

$$\frac{h}{p_n} = \frac{4a}{n} \quad (n=1,2,3,\cdots) \quad \cdots\cdots ①$$

ところで，電子を粒子だとみなしたとき，

$$p = mv$$

$$E = \frac{1}{2}mv^2$$

の関係があるから，p と E の間には，

$$E = \boxed{\text{(a)}} \quad \cdots\cdots (*)$$

の関係がある。これは，本来，電子を粒子だとみなしたときの関係式であるにもかかわらず，物質波におけるエネルギーと運動量の関係にも（なぜか）なっているのである。定数 m が波動として何を意味するかは，じつは不明である。それにもかかわらず，このエネルギーと運動量の関係は，今後の量子力学の展開において，きわめて重要な働きをすることになる。この関係式は，古典力学と量子力学の接点であり，なおかつ量子力学の出発点だといってよい。

電子が定常波を作るという式①の関係から，p_n の値が求まる。それを（＊）の関係式に代入すれば，整数 n に対応するエネルギー準位 E_n は，

$$E_n = \frac{p_n^2}{2m} = \frac{1}{2m}\left(\frac{nh}{4a}\right)^2$$

$$= \boxed{(b)} \quad (n=1,2,3,\cdots)$$

となり，やはり離散的な値をとる（定常波の波長が，跳び跳びの値しかとれないから，当然のことではあるが）。◆

図2-13●跳び跳びのエネルギー準位

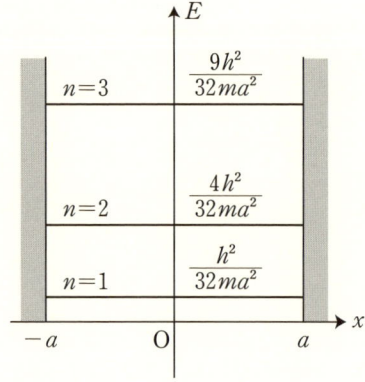

(a) $\dfrac{p^2}{2m}$ (b) $\dfrac{n^2 h^2}{32 m a^2}$

いかがでしょうか。

本講には，高校の物理と数学以上の高度のものは何も登場しない。用いた仮定は，

> 光量子のエネルギー　$E = h\nu$
> 光量子の運動量　　　$p = \dfrac{h}{\lambda}$
> 物質波の波長　　　　$\lambda = \dfrac{h}{mv}$
>
> （および，エネルギーと運動量の関係式（＊））

だけである。けっきょく，量子力学の本質は，上の(理由はよく分からないが)簡単な仮定に尽きるのである。次講では，この簡単な関係がいかなる根拠によって成立するのかを，検討することにしよう。

講義 LECTURE 03 粒子性と波動性

　講義2でも見たように,量子力学の出発点は光の粒子性を示す,次の関係である。

> （1個の）光量子のエネルギー　　$E = h\nu$
> 　　光量子の運動量　　　　　　$p = \dfrac{h}{\lambda}$

　粒子は粒子,波動は波動という古典的な考えに慣れているわれわれには,上の関係式のイメージがどうしてもつかめない。いったいなぜエネルギーは振動数に比例し,運動量は波長に反比例するのだろうか。

　これらの関係を,「実験が明らかにしている事実だから受け入れよ」といってしまえばそれまでである。じっさい,プランクは $E=h\nu$ という仮定から,空洞放射の謎を見事に説明した。そして,それ以降,光電効果やコンプトン効果をはじめとする,あらゆる実験が,それらの関係が正しいことを証明しているのである。

　しかし,それでもしっくりこない。なぜなら,ニュートン力学によれば,単振動する物体のエネルギーは,振動数 ν には比例せず,ν^2 に比例するのである(次ページ問1参照)。光は「物体」ではないから構わないようなものだが,「物体」とみなせる電子もまた波動性を示し,上の関係が成立するのだとすると,どうにも辻褄が合わないような気がする。

　そんなわけで,われわれとしては,何としてでも,この関係式が成立する論理的根拠を得てみたい。完璧とはいかないまでも,ある程度納得のできる根拠。それを見つけようというのが,本講の目的である。

　手はじめに,古典的な単振動のエネルギーを求めてみよう(量子力学では,単振動している物理系を総称して,**調和振動子**と呼ぶことが多い。かっこいいので,使い慣れておこう)。

問1 質量 m の質点が，振幅 A，振動数 ν で単振動しているとき，その全力学的エネルギーは，ν^2 と A^2 に比例することを示せ。

図3-1

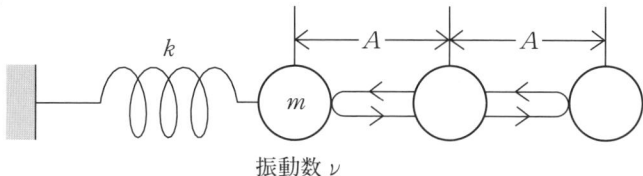

振動数 ν

解答 高校物理から簡単に導けるようにするため，ばね定数 k のばねにつながれた質量 m の質点の単振動を考えよう。このとき，2つの重要な公式があった。

1つは力学的エネルギー保存則で，質点の速さを v，振動の中心からの質点の変位を x としたとき，

$$\frac{1}{2}mv^2 + \frac{1}{2}kx^2 = \text{一定}$$

である。左辺の第1項は質点の運動エネルギー，第2項はばねの位置エネルギー(弾性エネルギー)であることは，高校物理でおなじみである。ここで，より有用な公式は，質点が振動の中心にいるときと最大振幅(振動の折り返し点)にいるときのエネルギー表示である。すなわち，振動の中心にいるとき，ばねの位置エネルギーは 0 で，質点は最大の速さ v_0 となり，最大振幅 ($x=A$) の位置にいるときは，質点は一瞬静止，すなわち運動エネルギーが 0 である。そこで，この系の全エネルギー E は，

$$E = \frac{1}{2}mv_0^2 = \frac{1}{2}kA^2$$

と書ける。この最後の $\frac{1}{2}kA^2$ から，全エネルギーが振幅 A の2乗に比例していることが分かる。

次に，もう1つの重要公式，すなわち単振動の周期の公式を思い出して頂こう。周期 T は，

$$T = 2\pi\sqrt{\frac{m}{k}}$$

であった。周期 T と振動数 ν はもちろん逆数の関係にあるから，

$$\nu = \frac{1}{2\pi}\sqrt{\frac{k}{m}}$$

である。よって，この式を k で解けば，

$$k = 4\pi^2 m \nu^2$$

これを，上の最大振幅における全エネルギーの式に代入して，

$$E = \frac{1}{2}kA^2 = \frac{1}{2}4\pi^2 m\nu^2 A^2$$
$$= 2\pi^2 m\nu^2 A^2$$

となり，全エネルギー E は，ν^2 と A^2 に比例することが分かる。◆

問 1 の結果は，1 個の(古典的な)電子が(仮想的な)ばねにつながれて単振動しているときに成立するはずである。一方で，波動としての電子(たとえば水素原子の中に定常波として存在する電子)のエネルギーは，ν に比例する(演習問題 2-1 の結果から，E/ν を計算してみると定数になることが分かるだろう(問 2))。

このナゾ解きには，ちょっとした微分計算が必要なので，それは本講の最後に演習問題としてやってみることにしよう。

問 2 演習問題 2-1 の水素原子模型において，電子のエネルギーが(回転の)振動数に比例することを示せ。

解答 たとえば，電子のもつエネルギー E を，円運動の速さ v で表すと，
$$E = -\frac{1}{2}mv^2 \quad \cdots\cdots ①$$
であった。また，電子の円運動の振動数 ν は，
$$\nu = \frac{v}{2\pi r}$$
であるが，量子条件，$2\pi r = nh/mv$ を用いれば，
$$\nu = \frac{mv^2}{nh} \quad \cdots\cdots ②$$
となる。よって，①，②より，
$$\frac{E}{\nu} = -\frac{1}{2}nh \text{（定数）} \qquad ◆$$

ここで目先を変えて，光子の運動量，すなわち，
$$p = \frac{h}{\lambda}$$
のことを考えてみる。

われわれは，光が波動であるという先入観をもっているが，じつはニュートンは光を粒子だとみなしていた(当時,ホイヘンスは光の波動説を唱えたが，波動説が勝利をおさめるのは，1801 年にヤングが有名な干渉実験をして以降である)。そこで，ニュートン流の光の粒子説と，われわ

れの常識としての光の波動説を比較してみよう。そうすれば，何か得ることがあるに違いない。

図3-2 ● スネルの法則（屈折の法則）

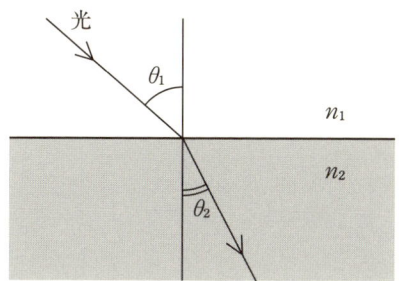

光が異なる媒質の境界を通過すると屈折する現象は，スネルの法則として，ニュートン力学の誕生よりも前に知られていた(1621年)。それは読者もおなじみの次の法則である。

$$\frac{\sin \theta_1}{\sin \theta_2} = \frac{n_2}{n_1}$$

ここで，それぞれの記号は，n_1, n_2 が 2 つの媒質の屈折率（$n_1>1$，$n_2>1$）。θ_1 と θ_2 は入射角と屈折角である。

今日，われわれはこのスネルの法則を，光が波動であるとして説明する。その基本には，媒質中では光の波長が縮むという考え方がある。すなわち，真空中での光の波長を λ としたとき，(絶対)屈折率 n_1 の媒質中での波長 λ_1 と (絶対)屈折率 n_2 の媒質中での波長 λ_2 は，

$$\lambda_1 = \frac{\lambda}{n_1}$$

$$\lambda_2 = \frac{\lambda}{n_2}$$

となる。このことから，スネルの法則が幾何学的に証明できることは，高校物理でおなじみであろう。

スネルの法則を，光の波長で書き換えれば，

$$\frac{\sin \theta_1}{\sin \theta_2} = \frac{\lambda_1}{\lambda_2} \quad \cdots\cdots (*)$$

である。またこのとき，波動としての光の速さ c は，波長が縮んだ分，

図3-3●屈折は波長の伸び縮みによって起こる。

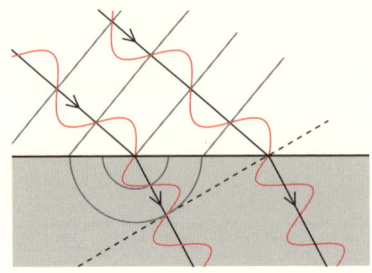

遅くなり，

$$c_1 = \frac{c}{n_1}$$

$$c_2 = \frac{c}{n_2}$$

そして，振動数νは不変である。振動数が不変量であることは心に留めておこう。

ところで，ニュートンの説明は次のようである。

図3-4●粒子が高いところから低いところに落ちれば屈折する。

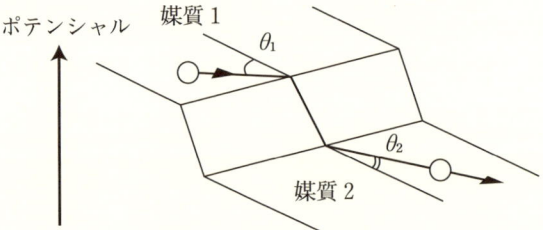

光は粒子であり，媒質の境界で光が屈折するのは，境界に垂直な方向に光が力を受けるからである。これをポテンシャルとして解釈すれば，媒質1のポテンシャル・エネルギーV_1が，媒質2のポテンシャル・エネルギーV_2より高く，その結果として，高いところから低いところに落ちた物体のように，光の粒子の速さが速くなると考えればよい。このとき，ポテンシャルの傾斜は媒質の境界に垂直だから，もし光が媒質に対して斜めに入射すれば，媒質の境界に平行な方向には力を受けず，その方向の速度成分は変わらないであろう。

図3-5●境界に平行な方向の速度成分は変わらない。

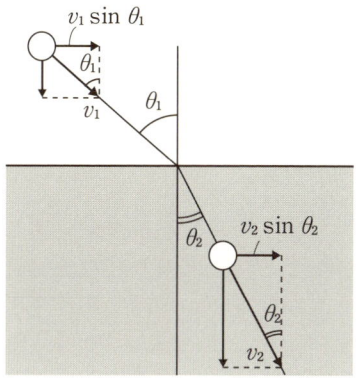

それゆえ，媒質1での光の速さを v_1，媒質2での光の速さを v_2 とすると，平行な方向の速度成分は，図より，

$$v_1 \sin \theta_1$$

と，

$$v_2 \sin \theta_2$$

であるが，これらが等しいわけだから，

$$v_1 \sin \theta_1 = v_2 \sin \theta_2$$

が成立する。光を粒子とみなしたときの質量を m とすれば，

$$mv_1 \sin \theta_1 = mv_2 \sin \theta_2$$

であるが，mv_1, mv_2 はそれぞれの媒質中での運動量 p_1, p_2 に他ならないから，

$$p_1 \sin \theta_1 = p_2 \sin \theta_2$$

あるいは，

$$\frac{\sin \theta_1}{\sin \theta_2} = \frac{p_2}{p_1} \quad \cdots\cdots (**)$$

となる。

式($*$)と式($**$)を比べてみれば，

$$\lambda_1 p_1 = \lambda_2 p_2 \ (=一定)$$

となり，波動における波長と，粒子における運動量が反比例することが分かる。

もちろん，このことは，光量子における仮定，

$$p = \frac{h}{\lambda}$$

の証明にはならないが，少なくとも整合性はとれている。

ついでにいえば，波動としての光では，いかなる媒質中においてもその振動数 ν は不変にたもたれる。

一方，粒子としての光では，異なる媒質中での速さは変化するが，それはポテンシャル・エネルギーの差に由来した。ポテンシャル・エネルギーも含めて考えれば，

$$E = \frac{1}{2}mv_1{}^2 + V_1 = \frac{1}{2}mv_2{}^2 + V_2 \ (=一定)$$

というエネルギー保存則は成立するであろう。すなわち，光を粒子の運動とみなしたときには，いかなる媒質中においても，その全エネルギー E は不変にたもたれる。

こうして，波動においては ν が，粒子においては E が不変量ということになるので，

$$E = h\nu \ (=一定)$$

との整合性がとれている。

賢明な読者の方々は，これまで述べた光の波動性と粒子性の比較に，納得のいかないものを感じておられるかもしれない。というのも，屈折率が小さな媒質から大きな媒質へ光が入射する場合，光の速さが，波動性の説明では遅くなるのに，粒子性の説明では速くなるという矛盾があるからである。

しかし，そのことに深入りするのはやめておこう。われわれの目的は，もっと別のところにあるのだから。

ようするに結論はこうである。

ニュートンが光を粒子とみなしたにもかかわらず，さまざまな実験は，光が波動であることを明らかにしていった。それならばニュートンは間違っていたのかといえば，そうとも断言できない。光の波動性が現れるのは，その波長くらいの距離が問題になるときである。たとえば，スリットのすき間が100分の1ミリくらいより狭くなると，光は回折し，顕

著な干渉縞が現れる。このとき，光は波動以外の何ものでもない。しかし，スリットのすき間が 1 センチメートルだと，このスリットを通過する光の干渉縞を見ることなど不可能になる。光は弾丸よりも真っ直ぐに「飛んで」いく。ニュートンが見た光は，このようなものである。このとき光は，粒子と呼んで何ら差し支えなく，その運動量は(波動とみなしたときの)波長に反比例するのである。

問 1 の調和振動子のエネルギーのナゾを解きに戻ろう。質量 m の質点の単振動のエネルギーは，

$$E = 2\pi^2 m\nu^2 A^2$$

であった。ここでわれわれは短絡的に，エネルギー E は振動数 ν^2 に比例するとしたのだが，上の式には変数がもう 1 つある。すなわち，振幅 A である。もし，振幅 A が何らかの理由(外部からの外力など)によって変化するなら，当然，話は違ってくるであろう。

ふつうの状態(エネルギーの授受のない孤立した状態)では，調和振動子の振幅は，振動数とは無関係である。ガリレイによって発見された振り子の等時性は，その分かりやすい例である。振幅をどのように変えても，**糸の長さやおもりの質量が変わらない限り**，振り子の周期(振動数)は変わらない。

しかし，たとえば糸の長さが変わるとどうだろう？　当然，振動数は変化するし，エネルギーもまた変化する。このような状況において，エネルギーと振動数の関係はどうなっているのか。そこのところを見なければ，本当のところは分からないはずである。

ということで，次の問題に挑戦して頂こう。

話を難しくするつもりはまったくないから，できるだけ簡単な例として，糸につながれて水平面を等速円運動する質点を取り上げよう。これも立派な調和振動子である。

演習問題 3-1　断熱変化において E は ν に比例する

なめらかな水平面上を，軽い糸につながれて等速円運動する質点がある。糸の他端は水平面にあけられた小さな孔を通して，円運動の中心の鉛直真下で手で支えられている。

図3-6 ゆっくり糸を引っぱると……。

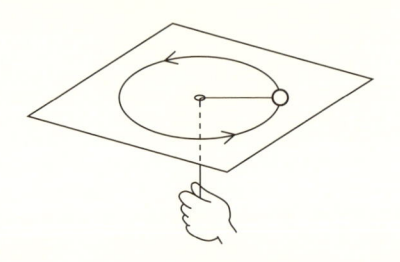

いま非常にゆっくり（円運動の周期に比べて十分長い時間をかけて）糸を真下に δr だけ引き下げると，この系のエネルギー（すなわち質点の運動エネルギー）と振動数はともに変化するだろう。系のエネルギーの変化は，手が糸を引き下げた仕事に等しいことを用いて，この変化において，エネルギー E は振動数 ν に比例することを示せ。

解答&解説　はじめ，円運動の半径は r で，質点は速さ v で等速円運動しているとすると，質点のもつ運動エネルギー E は，

$$E = \frac{1}{2}mv^2$$

図3-7 等速円運動

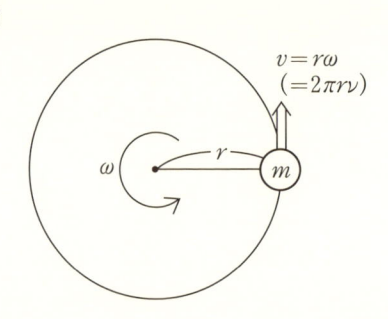

$v = r\omega$
$(= 2\pi r \nu)$

である。(これがこの系のもつ全エネルギーである。ばねや単振り子など,ふつうの調和振動子では,これ以外にポテンシャル・エネルギーを考慮しなければならない。本当はそのような系で計算する方が一般的なのだが,まずは本質の理解を優先して,簡単な例を取り上げた。)

この速さ v を,振動数 ν で書き換えておこう。高校物理に慣れた人には,角速度 ω の方がなじみ深いだろうから,まず,

$$v = r\omega$$

そして,$\omega = 2\pi\nu$ だから,

$$v = 2\pi r\nu$$

よって,全エネルギーは,

$$E = \frac{1}{2}m(2\pi r\nu)^2$$
$$= 2\pi^2 m r^2 \nu^2$$

となり,問1のばねの単振動とまったく同じになる(つまり,ポテンシャルがあってもなくても,同じということである)。

ここで,糸を δr だけ短くするのに必要な仕事 δW を求めよう。

仕事は「力×移動距離」だから,糸を引く力が分かればよい。

些細なことではあるが,注意すべきは,いま糸を短くするという想定にしているので,このとき δr の値はマイナスである(それがややこしければ,糸を長くする状況を想定すればよい)。

図3-8●糸の張力は向心力 $mr\omega^2$ に等しい。

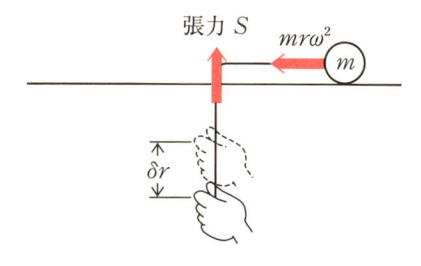

この仕事は(ゆっくりするのだから),糸の張力 S と同じ大きさの力を下向きに加えればよい。糸の張力 S は(円運動の向心力になっているから),円運動の方程式から求まる。すなわち,

$$mr\omega^2 = S$$

これを ν で書き換えて,
$$S = mr(2\pi\nu)^2$$
$$= 4\pi^2 mr\nu^2$$

よって, 糸を δr だけ短くするのに必要な仕事 δW は(糸を引くときの仕事は, 明らかにプラスだから),
$$\delta W = -S\delta r$$
$$= -4\pi^2 mr\nu^2 \delta r$$

この系に加えた仕事が, 系の全エネルギーの増加 δE になるから,
$$\delta E = \delta W = -4\pi^2 mr\nu^2 \delta r \quad \cdots\cdots ①$$
である。

さて, 全エネルギー E は, 最初に見た通り,
$$E = 2\pi^2 mr^2 \nu^2$$
であるから, この式から δE を求めてみよう。

ここで, ようやく大学らしい数学を使うことにする。変化する量は, 半径 r と振動数 ν の2つだから, エネルギー E は, r と ν の2変数の関数である。そこで, 2変数の全微分の公式(『電磁気学ノート』付録, 215ページ)を使って,

$$\delta E = \frac{\partial E}{\partial r}\delta r + \frac{\partial E}{\partial \nu}\delta \nu$$
$$= 2\pi^2 m(2r\nu^2 \delta r + 2r^2 \nu \delta \nu)$$
$$= 4\pi^2 mr\nu(\nu \delta r + r\delta \nu) \quad \cdots\cdots ②$$

式①と式②より,
$$-4\pi^2 mr\nu^2 \delta r = 4\pi^2 mr\nu(\nu\delta r + r\delta\nu)$$

整理して,
$$2\nu\delta r = -r\delta\nu$$

この結果をふたたび式①, または式②に代入すれば, δr が消去できて, δE と $\delta \nu$ の関係が出てくる。
$$\delta E = 2\pi^2 mr^2 \nu \delta \nu$$

ここで, 何度も登場した,

$$E = 2\pi^2 m r^2 \nu^2$$

を用いれば，

$$\delta E = \frac{E}{\nu}\delta\nu$$

すなわち，

$$\frac{\delta E}{\delta \nu} = \frac{E}{\nu}$$

という簡単な結果が導かれる。この式は積分するまでもない。エネルギー E と振動数 ν の変化率が，つねに E と ν の比になるということだから，E と ν は比例しているということに他ならない。すなわち，

$$E = 定数 \times \nu$$

とおけば，

$$\frac{\delta E}{\delta \nu} = \frac{E}{\nu} = 定数$$

である。◆

以上の結論は，あらゆる振動系において成立する(光にも！)。定数 E/ν は，断熱不変量と呼ばれるもので，量子論の成立以前から知られていた。

プランクは，この断熱不変量に最小の単位があるという仮定を設けることで，空洞放射の謎を見事に解き明かしたのである。

つまり，その最小の単位を h と書けば，ν という振動数をもつ振動系の全エネルギー E は，かならず，

$$E = nh\nu \quad (n=1, 2, 3, \cdots)$$

というふうに $h\nu$ の整数倍しか許されないというのである。

プランクは，空洞の中にある電磁波(さまざまな振動数をもつ調和振動子の集合)がエネルギーのやりとりをするとき，それぞれの振動数の光に対して $h\nu$ の単位でしかそれはおこなわれないとしたのであるが，その考えをつきつめていけば，空洞をみたしている電磁波自身が，$h\nu$ というエネルギーをもつ光量子の大集団であると考えることもできるわけである。そして，それは正しい実験結果を与えるのである。

講義 LECTURE 04 波動の基本

　講義2において，電子が定常波を作るということから，高校物理の知識でもって，水素原子や井戸型ポテンシャルのエネルギー準位を求めた。しかし，読者諸氏はもちろん，そんなことでは満足しておられないであろう。

　われわれの当面の目標は，シュレーディンガー方程式を導くことである。シュレーディンガー方程式は，量子力学の代名詞といってもいいくらいなのだから。

　とはいえ，シュレーディンガー方程式を導くこと自身は，読者諸氏が思っておられるほど難しいことではない。講義5で，それはあっけなく導かれることになるだろう。困ったことは，あまりにあっけなく導かれるので，本質的なことを見過ごしたまま，量子力学を理解したつもりになるという落とし穴にはまるおそれがあることである。そうしたことにならないよう，われわれは最低限の準備をしておかねばならない。

　前講で，波動における振動数 ν と波長 λ が，粒子におけるエネルギー E と運動量 p に対応することを見たのも，じつはシュレーディンガー方程式の本質を理解するための準備である。本講では，もう1つの準備として，波動とは何かということをきちんと理解しておくことにする。シュレーディンガー方程式は，波動方程式の一種であるから，そういう準備が必要なのは当然のことであろう。

●正弦波──波を三角関数で表す──

　まず，高校物理の波動からはじめよう。x 軸上を正方向に進む正弦波は，たとえば次のような式で書けた。

$$y = A\sin\left\{2\pi\left(\nu t - \frac{x}{\lambda}\right)\right\}$$

図4-1● 1次元の正弦波

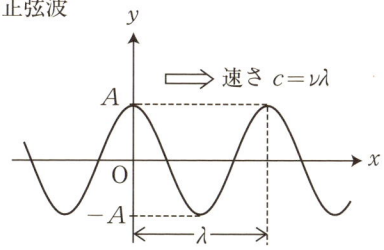

　記号の意味は慣用通りである。A は振幅，ν は振動数(高校物理では f と表記することが多い)，λ は波長。そして，右辺の変数は x と t である。つまり，媒質の変位 y は，時間 t によって変わるし，場所 x によっても変わる。ばねにつながれた1つの質点なら，それは時間 t だけの単振動(調和振動子)として表せるが，波動はその単振動がある速さで空間を伝播していくわけである。数学的にいえば，媒質の変位 y は x と t の2変数の関数である。それだけややこしいのだが，慣れてしまえばどうということはない。

　一般的にいえば，波は3次元の空間を伝播するから，位置 x は3次元ベクトル r として表現しなければならない。しかし，それは量子力学の本質とはあまり関係のないことだから，必要に迫られるまでは1次元でやっていくことにしよう。

　x 軸の負方向に進む後退波なら，上の式の右辺のマイナス符号をプラスにしておけばよい。また，式は sin である必要はなく，一般的にいえば，初期位相 θ をつけておけばよい。そういうわけで，sin か cos かということは，本質的なことではないが，ここではとりあえず，cos で表すことにしよう(これは余弦波と呼ばれるが，正弦波と呼ぼうが余弦波と呼ぼうが，中身は同じである)。

$$y = A\cos\left\{2\pi\left(\nu t - \frac{x}{\lambda}\right)\right\} \quad \cdots\cdots (*)$$

　波動においては，ν と λ 以外に，もう1つ重要な物理量があった。それは，波が伝わっていく速さで，それを c としておくと，

$$c = \nu\lambda$$

という基本的な関係があることも，ご承知であろう。この c は，正確には

位相速度と呼ばれる。そんなふうに呼ぶのは，位相速度以外の速度があるからである。正弦波ではなく，あたかも粒子のように見える波を波束(52ページ)というが，波束が動く速さは単純に $\nu\lambda$ と書けない。(さまざまな ν と λ の重ね合わせであるため)。このような波束の速さを**群速度**と呼ぶ。

さらに式(*)は，角振動数 $\omega=2\pi\nu$ と，$k(=2\pi/\lambda)$ という記号を用いて，次のように表すこともしばしばある。

$$y = A\cos(\omega t - kx)$$

角振動数 ω は，高校物理でもおなじみであるが(円運動における角速度と同じである)，k とは初対面という方もおられるであろう。この k は，**波数**と呼ばれ，今後しばしば登場する重要な量である(波数は波が進む向きを向いたベクトルであるが，本書ではその大きさだけを考える)。なぜ波数というかといえば，$2\pi/\lambda$ は，波長 λ を波「1つ」とみなせば，2π の中に入っている波の個数を表すからである。

●指数 e と複素数

さて，いよいよ次の一歩に進む(とはいえ，それは物理ではなく数学の問題なのだが)。

それは，三角関数から指数関数 e への乗り換え作業である。そして，それは実数の世界から複素数の世界へと展望を拡張することを意味する(指数関数 e の基礎知識については，『力学ノート』付録「やさしい数学の手引き」を参照のこと)。ここでは，三角関数 $\sin, \cos$ と指数関数 e の間に次の関係があることを前提に進んでいく。

$$e^{i\theta} = \cos\theta + i\sin\theta$$

i は，$\sqrt{-1}$ という虚数単位である。この関係は，横軸に実数，縦軸に虚数をとった座標系で描くと，簡単にイメージできる。あらゆる複素数は，

$$a+ib \quad (a, b \text{ は実数})$$

という形で表せるので，この座標の1点は1つの複素数に対応している。つまり，この座標系はあらゆる複素数を表す複素平面である。

図4-2 ●複素平面で複素数を表す。

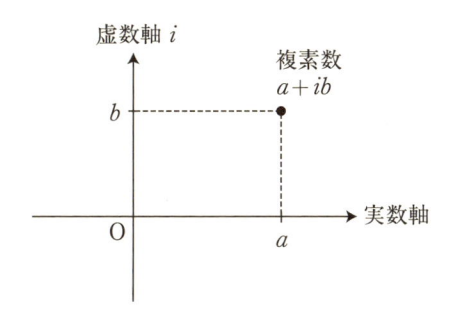

　そして，1つの複素数を指定するとき，座標(a, b)と表してももちろんよいが，原点を始点とする1本のベクトルとして表す方が，より直感的にイメージしやすい。つまり，$a+ib$という1つの複素数は，あたかも力学の力のベクトルのように，横軸成分aと縦軸成分bをもったベクトルだと思えばよいのである。

問1　ある任意の複素数をCとしたとき，
$$e^{i\theta}C \quad (\theta は任意の実数)$$
という複素数は，複素平面上でCとどのような関係にあるか。

解答
$$C = a+ib$$
とおき，代数的に，
$$(\cos\theta + i\sin\theta)(a+ib)$$
を計算してもよいが，幾何学的に考えた方が簡単だし，イメージもわく。そのために，まず複素ベクトル$e^{i\theta}$のイメージを明確にしておこう。
$$e^{i\theta} = \cos\theta + i\sin\theta$$
より，$e^{i\theta}$なるベクトルは，長さが1で実数軸(横軸)となす角がθであることは明らかである。

　複素ベクトルCの長さをr，実数軸となす角をαとすると，Cは$e^{i\alpha}$を使って，
$$C = re^{i\alpha}$$

図4-3● $e^{i\theta}$ は長さ1，傾き θ の針。

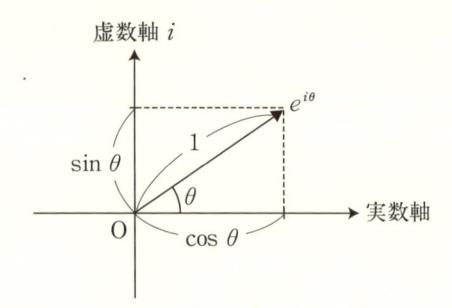

と表すことができる。そこで，

$$e^{i\theta}C$$
$$= e^{i\theta} \times re^{i\alpha} = re^{i\theta}e^{i\alpha}$$
$$= re^{i(\theta+\alpha)}$$

となる。このベクトルは，長さが r で実数軸となす角が $\theta+\alpha$ であるから，けっきょく，

$$e^{i\theta}C$$

は，長さが C と同じで，C からさらに角度 θ 回転したベクトルとなる。

図4-4● $e^{i\theta}$ をかけることは，θ だけ回転させること。

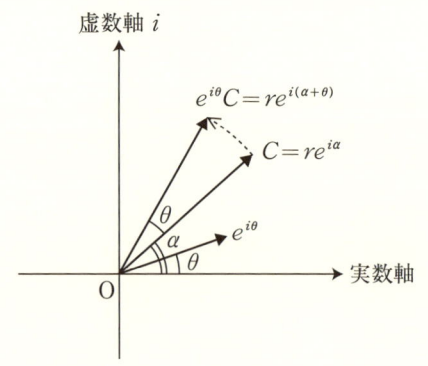

つまり，代数的に $e^{i\theta}$ をかけるという操作は，複素平面上では(長さを変えずに)角 θ だけ回転する操作に対応していることになる。◆

●角速度 ω で回転する針

さて，複素平面上で長さ1の針(すなわち複素ベクトル $e^{i\theta}$)を一定の

速さで回転させてみよう。たとえば，はじめ針は横軸を向いているとし（$\theta=0$，すなわち実数1に対応），そこから一定の角速度 ω で等速円運動させてみる。すると，時刻 t での横軸となす角は ωt だから，そのような回転する針は，

$$e^{i\omega t}$$

と表せる。これを，三角関数で表せば，もちろん，

$$\cos \omega t + i \sin \omega t$$

である。cos や sin で済むものを，なぜ複素数などというものを持ち出すのかといぶかる人もおられるであろう。そういう方のために，この方法がイメージを喚起するのに便利であることを，簡単な単振動の例で示してみよう。

なめらかな水平面上で，ばねにつながれて単振動する質点を考える。

ばねの自然長（そこが振動の中心となる）を原点とし，そこからばねを A だけ右に伸ばして手を離す。このばねの伸びる方向を y 軸の正方向とし，手を離した瞬間を時刻 $t=0$ とすると，この単振動は，

$$y = A \cos \omega t$$

と書ける。

図4-5● 単振動は，等速円運動の影である。

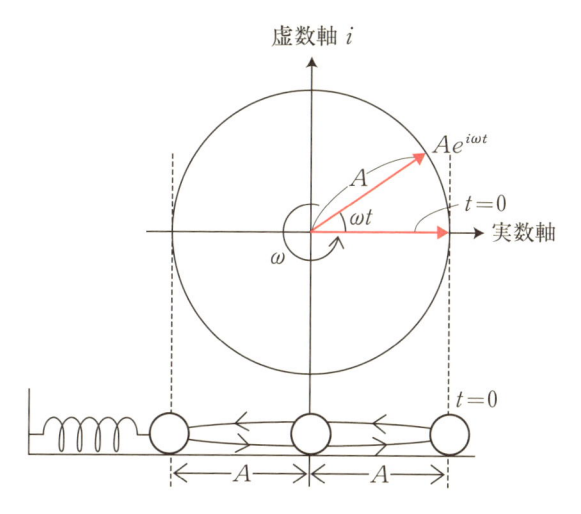

ところで，単振動は等速円運動の影の運動だから，一定の角速度 ω で回転する長さ A の針を考えると，その針の上から光を当ててできた影の運動が，まさに上の単振動になる。また，この針が複素平面上を回転しているのだとすれば，針の動きは，
$$Ae^{i\omega t}$$
と表されるであろう。じっさい，針の真上から光を当ててできた影の部分は，針の実数成分だから，
$$A\cos\omega t$$
である。つまり，
$$y = Ae^{i\omega t}（の実数部分）$$
として何ら差し支えない。

差し支えはないが，そうする必然性もないのではないか。確かにそうである。しかし，この方法は単振動を円運動に「焼き直し」できるという点で分かりやすい。円運動と sin, cos のカーブとどちらが単純かといえば，円運動に決まっている。だから，sin, cos を指数関数に変えることは，問題を難しくしているのではなく，むしろ単純にしているのである。とくに，波動の位相がどうなっているかを知りたいときには，もろに針のなす角度として位相が現れるという点で便利である。

●波を複素数で表す

これで，三角関数から指数関数への乗り換えができた。これを，単振動から波動そのものへと拡張したとしても，不都合は何もないだろう。つまり，
$$y = A\cos(\omega t - kx)$$
という波の式は，
$$y = Ae^{i(\omega t - kx)}（の実数部分）$$
と書いてもよい。そのイメージは次図の通りである（ただし，$y=e^{ikx}$ として描いてある）。

図4-6●回転する針 e^{ikx} の影が $\cos kx$ となる。

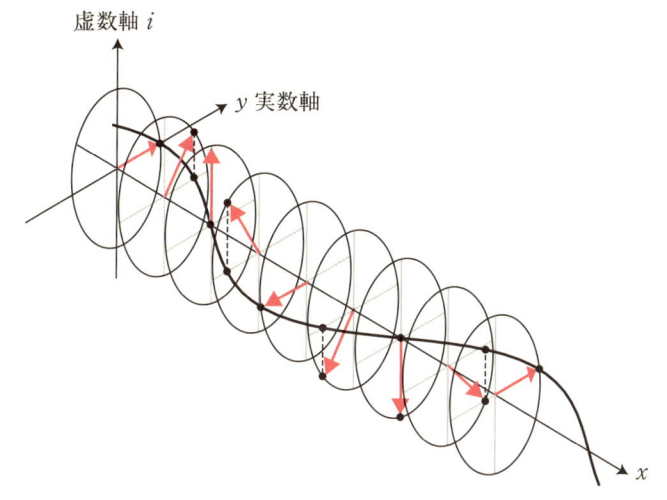

　現実に存在する単振動や波動を，指数関数 e の複素表示として表す方法は，大学の物理ではごくふつうに用いられることだが，上の図のようなイメージ表示をしているテキストは，あまり見かけない。

　それは，現実に起きている振動はあくまで式の実数部分であり，計算に便利だからという理由で複素表示が採用されているにすぎないからである。しかし，やがて分かることであるが，量子力学における波動の複素表現は，たんなる便利さということを超えた本質的な意味をもってくるのである。もちろん，回転する針などというものが現実に存在するわけではない。しかし，たとえば波動としての電子という存在を考えたとき，$\cos(\omega t - kx)$ という正弦波のイメージよりも，$e^{i(\omega t - kx)}$ という回転する針の方が，より本質に近づいていることは疑いないことなのである。

問 2　振幅 A，角振動数 ω，波数 k が同じ，次のような 1 次元の進行波 y_1 と後退波 y_2 を考える。
$$y_1 = Ae^{i(\omega t - kx)}$$
$$y_2 = Ae^{i(\omega t + kx)}$$
これらの2つの波が重なると，定常波が生じることを示せ。

講義04●波動の基本　47

解法1 まず，三角関数で表示された波，
$$y_1 = A\cos(\omega t - kx)$$
$$y_2 = A\cos(\omega t + kx)$$
で計算してみよう(高校物理でおなじみ)。2つの波の合成は，たんに足し算をすればよい(これを**重ね合わせの原理**と呼ぶ。あたりまえなことのようだが，本当はこれは自明のことではない。1+1が2とならないような演算がいくらでも存在するように，単純な重ね合わせが成立しない現象もあっておかしくない。しかし，ふつうの波動の場合，また量子力学における波動性についても，この重ね合わせの原理は実験的に確かめられている)。

合成波を Y とすると，
$$Y = y_1 + y_2 = A\{\cos(\omega t - kx) + \cos(\omega t + kx)\}$$
ここで，三角関数の和と積の公式，
$$\cos A + \cos B = 2\cos\frac{A+B}{2}\cos\frac{A-B}{2}$$
を使えば，
$$Y = 2A\cos\left\{\frac{(\omega t - kx)+(\omega t + kx)}{2}\right\} \cdot \cos\left\{\frac{(\omega t - kx)-(\omega t + kx)}{2}\right\}$$
$$= 2A\cos\omega t \cdot \cos(-kx)$$
$$= 2A\cos\omega t \cdot \cos kx$$
となり，右辺のはじめの cos の中では kx が消え，後の cos の中では ωt が消える。すなわち，変数 t と x が分離する。これが定常波ができるポイントである。

図4-7●定常波

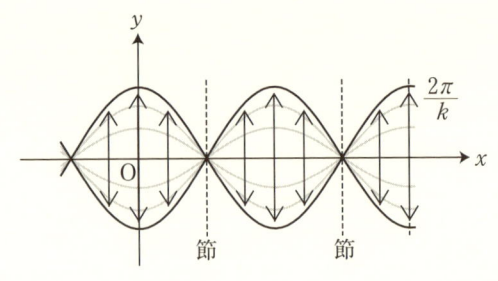

ここで上式をじっとにらめば，$\cos\omega t = 0$ となる時刻が周期的に(1/2

周期ごとに)存在するが，それは場所 x によらない。つまり，あらゆる場所で，$Y=0$ となる瞬間が周期的に現れる。また，$\cos kx = 0$ となる場所が等間隔(半波長ごと)に存在するが，それは時刻 t によらない。つまり，いつも $Y=0$ であるような場所が等間隔で存在する(定常波の節である)。

このように，変数 t と x が分離すると，どちらにも進まない定常波となるのである。

解法2 さて，この計算を指数関数 e の複素表示でおこなってみよう。それには，指数関数の簡単な性質，
$$e^{a+b} = e^a \cdot e^b$$
という関係を使うだけでよい。すなわち，合成波 Y は，
$$\begin{aligned} Y &= y_1 + y_2 = A\{e^{i(\omega t - kx)} + e^{i(\omega t + kx)}\} \\ &= A\{e^{i\omega t} \cdot e^{-ikx} + e^{i\omega t} \cdot e^{ikx}\} \\ &= Ae^{i\omega t} \cdot (e^{-ikx} + e^{ikx}) \end{aligned}$$
( )の中は，
$$e^{-ikx} + e^{ikx} = 2\cos kx$$
となるから，
$$Y = 2Ae^{i\omega t} \cdot \cos kx$$
となる。さらに，$e^{i\omega t}$ を三角関数で表しておけば，
$$\begin{aligned} Y &= 2A(\cos \omega t + i\sin \omega t) \cdot \cos kx \\ &= 2A\cos \omega t \cdot \cos kx + i \cdot 2A\sin \omega t \cdot \cos kx \end{aligned}$$
となり，Y の実数部分は解法1の結果と同じになる。すなわち，変数 t と x は分離されている。

　かたや三角関数の公式を使い，かたや指数関数の基本を使うという違いだが，どちらが簡単かといえば，指数関数の方が簡単であろう。
　このように，いちいち三角関数の公式に戻る必要がないということも，e の複素表示の便利な点なのである。◆

> **演習問題 4-1　うなりを伴う波**
>
> 同じ振幅で，同じ方向に同じ速さで進む，振動数 $\nu_1=100$ と $\nu_2=101$ の 2 つの波がある。ある場所でこの 2 つの波を同時に観測すると，毎秒 1 回のうなりが生じることを示せ。

解答 & 解説　問 2 の解法 1 と同様，三角関数の公式を使ってもよいが，解法 2 の指数関数による方法で解いてみよう。

2 つの波を (かりにともに進行波として)，

$$y_1 = Ae^{i(2\pi\nu_1 t - k_1 x)}$$
$$y_2 = Ae^{i(2\pi\nu_2 t - k_2 x)}$$

とおくと，合成波 Y は，

$$Y = y_1 + y_2 = A\{e^{i(2\pi\nu_1 t - k_1 x)} + e^{i(2\pi\nu_2 t - k_2 x)}\}$$

「ある場所」というのを座標の原点に選んでも一般性は失われないだろうから，$x=0$ とすると ($x=0$ で観測される振動の様子は)，

$$Y = A\{e^{i \cdot 2\pi\nu_1 t} + e^{i \cdot 2\pi\nu_2 t}\}$$
$$= A\{e^{i \cdot 2\pi \cdot 100 t} + e^{i \cdot 2\pi \cdot 101 t}\}$$

ここでちょっとした細工をする。すなわち，$100=100.5-0.5$，$101=100.5+0.5$ として，

$$Y = A\{e^{i \cdot 2\pi \cdot 100.5 t - i \cdot 2\pi \cdot 0.5 t} + e^{i \cdot 2\pi \cdot 100.5 t + i \cdot 2\pi \cdot 0.5 t}\}$$
$$= A\{e^{i \cdot 201\pi t} \cdot e^{-i \cdot \pi t} + e^{i \cdot 201\pi t} \cdot e^{i \cdot \pi t}\}$$
$$= Ae^{i \cdot 201\pi t}(e^{-i \cdot \pi t} + e^{i \cdot \pi t})$$

ここで，

$$e^{-i \cdot \pi t} + e^{i \cdot \pi t} = 2\cos \pi t$$

だから，

$$Y = 2Ae^{i \cdot 201\pi t} \cdot \cos \pi t$$

よって，

$$Y \text{ の実数部分} = 2A\cos 201\pi t \cdot \cos \pi t$$

となる。

図4-8 うなり

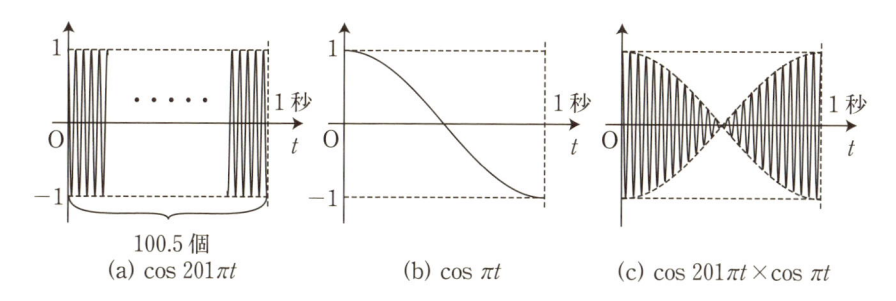

(a) $\cos 201\pi t$ （100.5 個）

(b) $\cos \pi t$

(c) $\cos 201\pi t \times \cos \pi t$

$\cos 201\pi t$ は 1 秒間に 100.5 回振動する単振動(図(a))であり，$\cos \pi t$ は 1 秒間に 0.5 回振動する単振動(図(b))だから，それをかけた振動は，図(c)のようになり，1 秒間に 1 回うなることが分かる．

ついでに，この合成波が空間的にどのような形をしているかを見ておこう．

そのためには，合成波の最初の式で，こんどは $t=0$ として(すなわち，$t=0$ での波の形を見る)，

$$Y = A(e^{-ik_1 x} + e^{-ik_2 x})$$

一般に，$k=2\pi/\lambda$，$c=\nu\lambda$ の関係より，

$$k = \frac{2\pi\nu}{c}$$

だから，

$$Y = A(e^{-i\frac{2\pi\nu_1}{c}x} + e^{-i\frac{2\pi\nu_2}{c}x})$$

この式は，$x=0$ としたときの式を，指数部分の符号をマイナスとし，t を x/c に置き換えたものだから，同じ計算をすれば，次の結果を得るはずである．

$$Y \text{ の実数部分} = 2A \cos\left(\frac{201\pi \cdot x}{c}\right) \cdot \cos\left(\frac{\pi \cdot x}{c}\right)$$

この波の形は，c の長さの中に(すなわち，$x/c=1$)100.5 波長が入った波と，c の長さの中に 0.5 波長が入った波をかけたものだから，次図のようになる．つまり，空間的にも同じうなりが見られる．◆

念のため補足しておけば，この波の形は定常波によく似ているが，定常波ではな

講義04 ● 波動の基本　51

図4-9 ● 移動する「節」

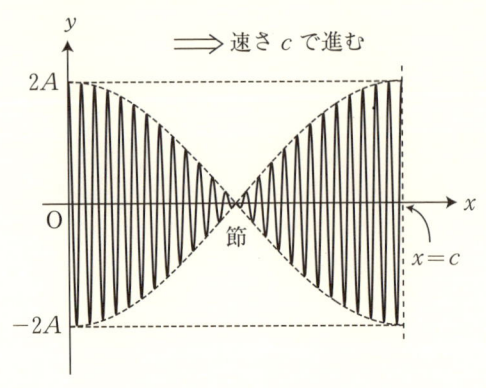

い。この形が時間とともに進行する波である。つまり，振幅0の地点である「節」は固定しているのではなく，x軸上を速さcで移動していく。

● 波束

ここで一歩進んで，粒子的な存在を波動で表す方法を考えることにしよう。

話を簡単にするため，これ以降は，時間を止めたある瞬間の波の形を考えることにする。そうすると変数tは式に現れず，たとえば余弦波（正弦波でも同じ）の形は，

$$y = Ae^{ikx}$$

と書けばよい。

ここでkは定数であるが，すでに述べたように，kは2πの中に入っている波の個数である。たとえば，$k=5$のとき，この式の実数部分は，次図のように，2πの中に5個の波が入った，どこをとっても同じ形をした，無限につづく余弦波（のある瞬間の形）となる。

電子が顕著な波動性を示すときには，その空間的な分布は次図のような余弦波の形で表しておいてよいかもしれない。しかし，電子が粒子性を示したときには，波動論の立場からは，その粒子性をどのように説明すればよいのだろうか。

図4-10 ●波数 $k=5$ の余弦波

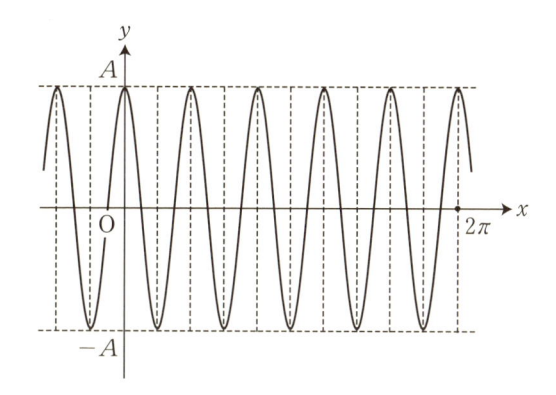

　粒子であるということは，その存在が空間の特定の場所にだけ（これを**局所的**という）存在するということである。そこで，たとえばある狭い領域においてだけ振幅が大きく，そこから離れた領域では振幅がほとんど0であるような（余弦波とはいえない）波を考えると，それは近くで見れば，確かに波動としての性質をもっているが，遠くから見れば粒子とみなせるだろう。

図4-11 ●波束は遠くから見ると粒子に見える。

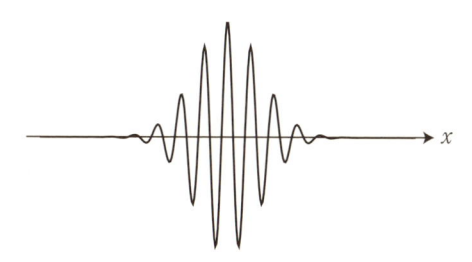

　このようなものを**波束**と呼ぶ。電子がこのような波束の形態をとっているときには粒子に見え，逆に正弦波のような無限に拡がる形態をとっているときには波動に見えるとすれば，粒子性と波動性の辻褄が合うというものである。

　もちろん，真偽のほどは分からない。そもそも，光は電場と磁場の振動であることははっきりしているが，波動としての電子では，何が振動しているのか。われわれは，まだそれを知らない（講義6において，それ

講義04 ●波動の基本　53

は「もの」でもなく「現象」でもないことが明らかになるだろう)。

とりあえず、粒子もまた波束という波だと仮定しよう。しかし、それは余弦波ではないのだから、どのような波の式で表したらよいのだろうか。

その答えは、==波束は余弦波(および正弦波)の重ね合わせで作ることができる==というものである。

数学的にいえば、それはすでに 19 世紀に確立されていた数学的概念で、フーリエ解析と呼ばれる(付録「やさしい数学の手引き」参照)。

基本的な考えは、次のようなものである。

いま、ある決まった波数 k_0(たとえば $k_0 = 1000$)の余弦波(の形)を考える。それは、

$$y = Ae^{ik_0 x} = Ae^{1000ix}$$

と書ける。この波に対して、波数が 999 や 998、あるいは 1001 や 1002 といった、わずかに違った波数をもつ波を考え、それらを重ね合わせるとどんな波ができるかを見てみよう。いわば、これまでは k を定数としてきたのだが、異なるいろいろな値をとる k について考える。つまり、k を変数とみなすのである。

演習問題 4-1 では、振動数が(ということは波数もまた)わずかに異なる 2 つの波を足し合わせた。その結果、うなりという現象が生じたのだった。こんどは、k はもちろん連続的に変化しうるから、ある比較的狭い幅 $2\Delta k$ ($k_0 - \Delta k \leq k \leq k_0 + \Delta k$) にわたって、それらの波を全部足し合わせ、その結果を見てみることにしよう。

●量子力学を創った人々

アインシュタイン(1879-1955)

実習問題 4-1 波束を作る

連続して変化する波数 k の波を足し合わせるということは，k について積分するということである。そこで，
$$y = Ae^{ikx}$$
という波（の形）を，k について $k_0 - \Delta k$ から $k_0 + \Delta k$ までについて積分せよ。そして，その実数部分がどのような形になるかの概略を示せ。

解答 & 解説 もし k の値が k_0 に確定していたとすれば，y の実数部分は，
$$y\text{の実数部分} = A\cos kx$$
で，無限に減衰することのない余弦波である（次図）。

図4-12● 無限に拡がる余弦波

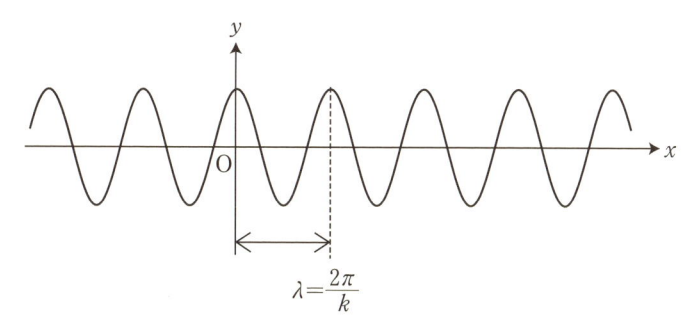

$$\lambda = \frac{2\pi}{k}$$

しかし，k の値に $2\Delta k$ という幅があると，波数が少しずつ違う（言い換えると波長が少しずつ違う）余弦波（次図）を，$k_0 - \Delta k$ から $k_0 + \Delta k$ まで，足し合わせることになる。

図4-13● 波数 k の違う余弦波を足し合わせる。

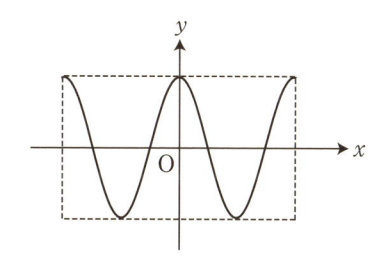

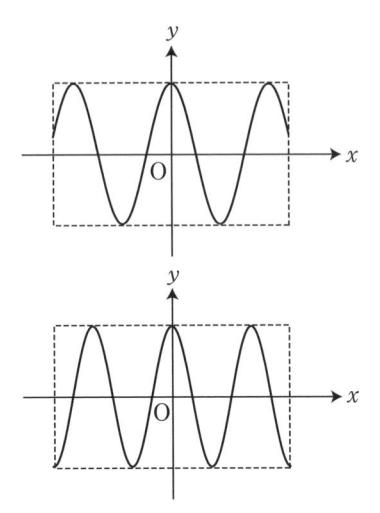

これを積分の式で書けば，

$$Y = A \int_{k_0-\Delta k}^{k_0+\Delta k} e^{ikx} \, dk$$

である。e^{ikx} の k に関する不定積分は (k を変数，x は定数とみなして)，

$$\int e^{ikx} \, dk = \boxed{\text{(a)}}$$

だから，

$$Y = A \cdot \frac{1}{ix} \left[e^{ikx} \right]_{k_0-\Delta k}^{k_0+\Delta k}$$

$$= A \cdot \frac{1}{ix} \left[e^{i(k_0+\Delta k)x} - e^{i(k_0-\Delta k)x} \right]$$

$$= A \cdot \frac{1}{ix} e^{ik_0 x} \left(e^{i\Delta kx} - e^{-i\Delta kx} \right)$$

後の ( ) の中は，三角関数で表せば，$2i \sin \Delta kx$ となるから，

$$Y = \boxed{\text{(b)}}$$

よって，

$$Y \text{ の実数部分} = 2A \cos k_0 x \cdot \frac{\sin \Delta kx}{x}$$

....

(a) $\dfrac{1}{ix} e^{ikx}$ (b) $2A e^{ik_0 x} \dfrac{\sin \Delta kx}{x}$

となる。

この波の特徴を調べてみよう。

$\cos k_0 x$ と $\sin \Delta k x$ は，どんなときでも絶対値が 1 を超えることはない。それを x で割り算しているから，この波は $x=0$ のあたりでは振幅が大きく，x の絶対値が大きくなるにつれて，振幅が小さくなっていくことがわかる。つまり，無限に拡がる正弦波とは対照的に，$x=0$ の近傍でだけ局所的に存在する波束になっている。

図4-14●波束 $2A \cos k_0 x \cdot \dfrac{\sin \Delta k x}{x}$

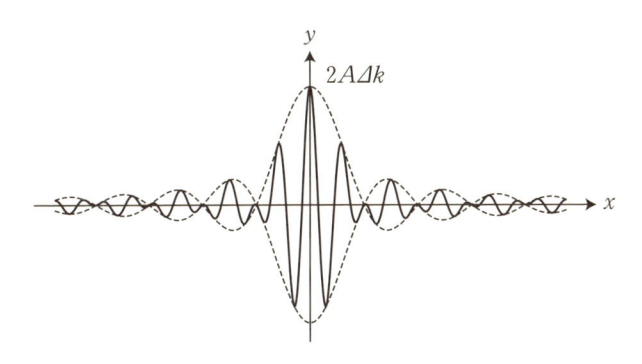

グラフの細部を議論することは本意ではないが，$\cos k_0 x$ が偶関数，$\dfrac{\sin \Delta k x}{x}$ は奇関数÷奇関数で偶関数になるから，波束は y 軸に対称な形になるであろう。x が 0 に近づくと，$\cos k_0 x$ は 1 に，$\dfrac{\sin \Delta k x}{\Delta k x}$ も 1 に近づくから，グラフ全体では，$2A\Delta k$ の大きさとなる。ということで，その形はおおよそ上図のようになるであろう（もちろん，k_0 や Δk の値の取り方によって，具体的な形はいろいろになる）。◆

●不確定性原理

最後に，この実習問題によって明らかにされる 1 つの量子力学的本質を述べておこう。波（の形）
$$y = Ae^{ikx}$$
は，k が定数（つまり，ある確定した 1 つの数）であるとき，その波形は

講義04●波動の基本　57

無限に拡がっている。つまり，このとき，この波がどこにあるかをいうことはできない（あらゆる場所に存在するのだから）。

ところが，k の値に幅をもたせて足し合わせると，波束というある程度位置が定まった波ができる。このとき，位置 x はある程度限定されるが，その「代償」として，k の値が不確実になる。

これをさらに進めて，あらゆる k について余弦波（および正弦波）を足し合わせると，その結果は，ある位置 x だけで高さが ∞ で，その他のところでは 0 となるような特殊な波形を得ることができる（このような波形として，ディラックはデルタ関数と呼ばれる特殊な関数を数学的に定式化した）。

図4-15●あらゆる k で足し合わせると，位置 x が確定する。

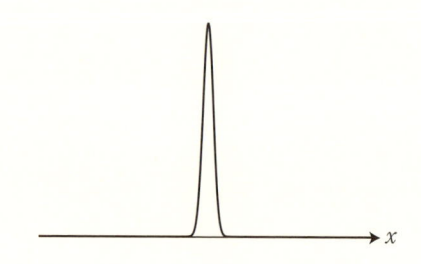

直感的にいえば，
$$y = A \cos kx$$
を，あらゆる k について足し合わせると，$x=0$ ではつねに，
$$y = A$$
だから，それを無限に足せば，
$$Y = \infty$$
となる。一方，$x=0$ 以外の点では，$\cos kx$ は k の値に応じて -1 から $+1$ の間のさまざまな値をとる。そこで，正確には証明を要するが，あらゆる k について足し合わせれば，プラスとマイナスが完全に帳消しになって，0 になるのである（ただし，以上の説明はきわめて乱暴なもので，$\cos kx$ を単純に積分してもそのような結果は得られない）。

いずれにしても，このような k と x の関係は，まったく数学的なものである。

ところで，すでに何度も見てきたように，電子の運動量 p と波長 λ には，

の関係があった。波数 k は，
$$k = \frac{2\pi}{\lambda}$$
だから，p と k の関係は，
$$p = \frac{h}{2\pi} k$$
となる。それゆえ，
$$y = Ae^{ikx} = Ae^{i\frac{2\pi}{h}px}$$
を，運動量 p をもつ電子の波（の形）とみなすならば，上の k と x の関係は，（定数 $2\pi/h$ の部分を別にして）p と x の関係となり，運動量 p を確定すれば位置 x は確定せず，位置 x を確定すれば運動量 p は確定しないということになる。これこそ，講義 1 のゼノンのパラドックスのところで述べた**不確定性原理**に他ならない。

つまり，運動量と波長の関係，
$$p = \frac{h}{\lambda}$$
という関係さえ認めるならば，不確定性原理は，物理現象というよりは数学的必然として現れるのである。つまり，不確定性原理の物理的本質は，上の運動量と波長の関係の中にあるということになる。

不確定性原理は，量子力学のもっとも重要な概念の 1 つであるから，講義 14 においてあらためて考察することにしよう。

LECTURE 05 シュレーディンガー方程式を導く

　講義4までで，シュレーディンガー方程式を導く最低限の準備が整った。

　量子力学について知らねばならないことは，まだまだたくさんあるのだが，とりあえずわれわれは本丸に入ってみることにしよう。すなわち，本講義の目的は，できるだけ簡単な手続きで，量子力学の中心をなすシュレーディンガー方程式を導くことである。

　電子の波動性を予言したのはド＝ブローイであるが，シュレーディンガーはそれを波動方程式という形で，数学的に解くことを可能にしたのである。波動方程式の一般論は，19世紀中に数理物理学の分野で詳しく研究されていたので，シュレーディンガーの波動方程式は，きわめて豊かな結果をもたらした。

　たとえば，水素原子の電子の軌道やエネルギー準位を，定量的に，かつ一般的に解くことができるのも，シュレーディンガー方程式のおかげである（講義2で，電子の波動性から水素原子の問題を解いたが，それは円軌道という特別の場合だけを扱ったにすぎない）。

　それゆえ，シュレーディンガー方程式が量子力学のすべてであるような気になってくるのだが，それは量子力学の理解の仕方の1つにすぎないことを，ここで強調しておかねばならない。一言でいうなら，量子力学の本質はもっと深いところにある。シュレーディンガー方程式は，量子力学のたんに1つの側面にしかすぎないのである。しかし，そうしたより深い事柄については，後で考えることにしよう（講義13以降）。

●電磁波や音波でおなじみの波動方程式

さて，波動方程式として，われわれはすでに電磁波の方程式を知っている。たとえば，真空中を平面波として伝播する電磁波の電場 E を決める 1 次元の方程式は次のようであった（『電磁気学ノート』講義 10 参照）。

$$\frac{\partial^2 E}{\partial x^2} - \frac{1}{c^2}\frac{\partial^2 E}{\partial t^2} = 0$$

ここで c は波の伝わる速さ，すなわち真空中の光速である。

図5-1●電磁波

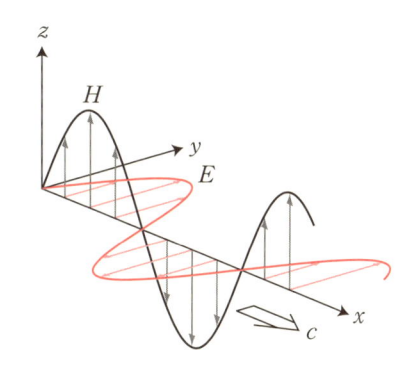

じつは，この波動方程式は，電磁波だけのものではない。波動としてわれわれにもっともなじみの深い音波も，同じ方程式によって伝播する。上式の E の代わりに，ある狭い領域の空気の塊の変位をもってきて，速さ c を音速とすれば，まったく同じ式が成立する。

そこで，電子もまた波動であるとするなら，同じ方程式が成立すると予測するのは妥当なところであろう。じっさい，物理的実体とは関係なくたんなる数学的問題として，

$$y = Ae^{i(\omega t - kx)}$$

という式が，上の波動方程式をみたすことは明らかである。

問 1

$$\frac{\partial^2 y}{\partial x^2} - \frac{1}{c^2}\frac{\partial^2 y}{\partial t^2} = 0$$

の1つの特殊解(特殊解と一般解の意味については,付録「やさしい数学の手引き」を参照のこと)を

$$y = Ae^{i(\omega t - kx)}$$

とするとき,波の伝わる速さ c を ω と k で表せ。

解答

$$\frac{\partial y}{\partial x} = -ikAe^{i(\omega t - kx)}$$

$$\frac{\partial^2 y}{\partial x^2} = (-ik)^2 Ae^{i(\omega t - kx)}$$

$$\frac{\partial y}{\partial t} = i\omega Ae^{i(\omega t - kx)}$$

$$\frac{\partial^2 y}{\partial t^2} = (i\omega)^2 Ae^{i(\omega t - kx)}$$

より,

$$-k^2 - \frac{1}{c^2}(-\omega^2) = 0$$

よって(c を速さ,すなわち正の数としておけば),

$$c = \frac{\omega}{k}$$

これは,もちろん,振動数 ν と波長 λ で表せば,

$$c = \nu\lambda$$

というおなじみの関係に他ならない。◆

●おなじみの波動方程式を電子に適用してみる

さて,以上の話を電子に適用してみよう。

このとき,たんなる数学的操作に物理的意味をもたせるものは何かといえば,講義3で検討した,

$$E = h\nu$$

$$p = \frac{h}{\lambda}$$

の関係である。これを,ω と k で書き換えると,

$$\omega = 2\pi\nu$$
$$k = \frac{2\pi}{\lambda}$$

であるから,

$$E = \frac{h}{2\pi}\omega$$
$$p = \frac{h}{2\pi}k$$

である。今後, ν と λ の代わりに ω と k で表示することが多くなるので, プランク定数 h は, たいてい 2π で割った値で登場することになる。そこで(まったく表記上の話にすぎないが), $h/2\pi$ をまとめて, $\hbar$ と書くことにしよう。すると,

$$E = \hbar\omega$$
$$p = \hbar k$$

となる。

ω と k は波動一般に適用できる角振動数と波数であるが, 上の関係は物質波にのみ特有のものである。われわれは波動としての電子がもつエネルギーや運動量がいったい何ものなのかを, じつは知らない。

ところで,

$$E = \frac{1}{2}mv^2$$
$$p = mv$$

は, あくまで粒子としての電子のエネルギーと運動量である。

さて, 波動としての電子が, 上の ω と k で指定できるエネルギーと運動量をもっているものとしよう。そこで, 自由空間にある電子が(電子の変位とは具体的に何かが不明なので, 変位 y の代わりに, ψ という記号を用いておくが, 記号自体に意味はない)

$$\psi = Ae^{i(\omega t - kx)}$$

という関係をみたしているものとすると(すなわち, 複素平面で回転している針として空間を移動しているとすると), それは,

$$\psi = Ae^{\frac{i}{\hbar}(Et - px)}$$

と表記できる。上の式は，もはやたんなる数学的記述ではない。E はエネルギー，p は運動量というれっきとした物理的実体である（それがどんなものであるのかを，具象的にイメージすることは困難であるが）。

図5-2●正弦波の形をした電子の波では，エネルギー E と運動量 p が確定している。

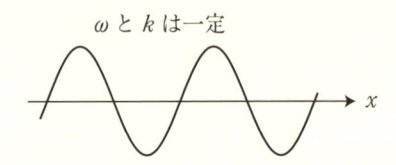

ω と k は一定

それゆえ，この電子は，エネルギーと運動量が確定した電子であることを忘れないように。ようするに，このとき電子の位置はまったく不確定である（無限に拡がっている）。また，時間的にも（理屈の上からは）無限にわたって存在する。なぜなら，正確にエネルギーを決めるということは，角振動数 ω を正確に決めるということであり，振動数を正確に決めるには（理屈の上からは）無限に長い時間がかかるからである（たとえば，振動数 $\nu = \frac{1}{1兆}$ ヘルツくらいの振動があったとき，それをある程度正確に測定するには，1兆秒くらいの時間がかかるであろう）。

さて，E と p で表記された波の式を，最初に提示した（電磁波と同じ）波動方程式に代入してみよう。すると，

$$p^2 - \frac{E^2}{c^2} = 0$$

を得るが，ここで，

$$E = \frac{p^2}{2m}$$

の関係を用いると（E, p どちらで表してもよいが），

$$\frac{\partial^2 \psi}{\partial x^2} - \frac{4m^2}{p^2} \frac{\partial^2 \psi}{\partial t^2} = 0$$

となる。

果たして，これが電子の波動方程式の一般的な表記として適切かどうかを考えてみよう。

問題は，偏微分の項についている p^2 である。$p = \hbar k$ だから，波数 k

が異なる波に対して，この方程式は異なる係数をもつということになる。波の形が変わると係数が変わってしまうような方程式は，どう考えても一般的とはいえない(答えが異なると，問題の形まで異なる方程式など，解きようがない)。

そこで，一から出直しである。

方程式の係数には，解がいかなる波数の波であっても，同じ定数だけが現れるようなものを探すことにしよう。

どうすればよいだろうか。

次の演習問題を自力で解ければ，あなたはシュレーディンガー方程式を自分の力で導いたことになる。

●量子力学を創った人々

ボーア(1885-1962)

演習問題 5-1 シュレーディンガー方程式を導く

電子の粒子性と波動性の関係式,
$$E = \hbar\omega$$
$$p = \hbar k$$
と，エネルギーと運動量の関係,
$$E = \frac{p^2}{2m}$$
を用いて,
$$\psi = Ae^{\frac{i}{\hbar}(px-Et)}$$
を1つの特殊解としてもつような波動方程式を導出せよ(この解は( )の中の正負がいままでと逆になっているが，その理由は後で説明する)。

解答&解説 ψ を t で1回偏微分すると，係数 E が前に出てくる。また，ψ を x で1回微分すると，係数 p が前に出てくる。そこで t で1回微分, x で2回微分すると，係数 E と p^2 が前に出ることになり，$E=p^2/2m$ の関係から，E と p^2 を消すことができるであろう。そういう前提のもとに，方程式を,

$$\frac{\partial\psi}{\partial t} - \gamma\frac{\partial^2\psi}{\partial x^2} = 0$$

とおいてみよう。このようにして導かれる γ の値が，E や p によらない定数になれば，めでたしめでたしである。

上の方程式に,
$$\psi = Ae^{\frac{i}{\hbar}(px-Et)}$$
を代入すれば,
$$\frac{\partial\psi}{\partial t} = -\frac{i}{\hbar}E\psi$$
$$\frac{\partial^2\psi}{\partial x^2} = -\frac{p^2}{\hbar^2}\psi$$

より,

$$-\frac{i}{\hbar}E - \gamma\left(-\frac{p^2}{\hbar^2}\right) = 0$$

よって，$E = p^2/2m$ の関係を使えば，E と p^2 が消去できるから，

$$\gamma = i\frac{\hbar}{2m}$$

となり，これはめでたく定数である。そして方程式は，

$$\frac{\partial \psi}{\partial t} - i\frac{\hbar}{2m}\frac{\partial^2 \psi}{\partial x^2} = 0$$

となる。

　これで数学的な方程式としてはでき上がりであるが，この式は，まだシュレーディンガー方程式とは呼ばない。

　しかし，これ以降の操作は後知恵とでもいうべきものである。とりあえず，数学的に上と同等の方程式が導ければ，正解である（上の式にいかなる（0 でない）定数をかけても，数学的には同等である）。◆

● 波動方程式に物理的意味づけをする

　次の作業は，上に導いた式に明確な物理的意味づけをすることである。まず，波動 ψ そのものの次元は何であるべきだろうか。

　電磁場の方程式なら，それは電場 E の次元である。音波なら空気の変位，すなわち単位はメートルである。しかし，波動としての電子の変位とは，いったい何であろうか？　ここで，はたと困ることになる。

　電場の場合，

$$E = E_0 e^{i(kx - \omega t)}$$

で，E_0 が電場の次元，e は無次元（すなわちたんなる数）である。

　音波の場合，

$$y = A e^{i(kx - \omega t)}$$

で，A は変位（すなわち長さ）の次元，e は無次元（たんなる数）である。

　そこで，波動としての電子の「変位」は，

$$\psi = \psi_0 e^{\frac{i}{\hbar}(px - Et)}$$

であるから，ψ_0 が ψ の物理的次元を表すことになる。ここでは，この ψ_0 はとりあえず棚上げにしておこう。つまり，かりに ψ に次元がなく，
$$\psi = e^{\frac{i}{\hbar}(px-Et)}$$
であっても，演習問題で導いた波動方程式をみたすはずであるから，ψ_0 の詮索は後回しとし，とりあえず ψ は無次元とする(たんなる数ではあるが，実数ではなく複素数であることは心に留めておこう)。

そうすると，波動方程式，
$$\frac{\partial \psi}{\partial t} - i\frac{\hbar}{2m}\frac{\partial^2 \psi}{\partial x^2} = 0$$
の次元は，[1/時間](すなわち振動数の次元)となる($\partial\psi/\partial t$ はたんなる分数であるから，その次元は[無次元/時間]である)。それはそれで無意味ではないが，もう少し内容豊かな次元はないものか考えてみる。

われわれはプランク定数 h(あるいは $\hbar$)が，[J·s]=[エネルギー×時間]の次元であることを知っている。そこで，式全体に $\hbar$ をかけてみよう($\hbar$ は定数だから，そうしても方程式の数学的内容は何も変わらない)。
$$\hbar\frac{\partial \psi}{\partial t} - i\frac{\hbar^2}{2m}\frac{\partial^2 \psi}{\partial x^2} = 0$$

このようにすれば，方程式の次元は[エネルギー]となり，少し面白そうである。ここで，粒子としての電子に，
$$E = \frac{p^2}{2m} \quad \cdots\cdots (*)$$
の関係があることと対比させよう。すなわち，上の波動方程式を，波動としてのエネルギーと運動量の関係にしようという魂胆である。

じっさい方程式の導出にさいして，時間の1階微分の項ではエネルギーが，空間の2階微分の項では運動量が出てきたのだから，エネルギー E に対応する項が $\hbar\dfrac{\partial \psi}{\partial t}$ であり，運動量 p^2 に対応する項が $-i\dfrac{\hbar^2}{2m}\dfrac{\partial^2 \psi}{\partial x^2}$ となるだろう。しかし，2乗した項に虚数 i がつくのは(まずくはないが)やや複雑だから，方程式全体にもう一度，定数 i をかけてみよう。その上で，式(*)と同じ配置にすれば，

$$i\hbar \frac{\partial \psi}{\partial t} = -\frac{\hbar^2}{2m} \frac{\partial^2 \psi}{\partial x^2} \quad \cdots\cdots (**)$$

となる。くどくどと述べてきたが，ようするに演習問題で導いた式に，$i\hbar$ をかけただけのことである。それゆえ，数学的には演習問題の答えとまったく同じ意味しかもたないが，式(**)は物理的にはきわめて内容豊富である。

この式は，電子を波動として見たときのエネルギーと運動量の関係を表しているのである。それゆえ，非常に形式的ではあるが，式(*)と式(**)を比較して，

$$\left.\begin{array}{l} E \to i\hbar \dfrac{\partial}{\partial t} \\[2mm] p \to -i\hbar \dfrac{\partial}{\partial x} \end{array}\right\} \quad \cdots\cdots (***)$$

という対応関係が成立していることが分かるであろう（$p \to +i\hbar \dfrac{\partial}{\partial x}$ としてもよさそうである。マイナスを選ぶ理由は 73 ページを参照）。

もちろん，これは後知恵である。しかし，量子力学の全体像が見えてくるにつれて，この対応関係はきわめて重要なものであることが明らかになるであろう。

式(**)こそが，(1次元の)シュレーディンガー方程式 である。

念のため注釈しておけば，方程式に現れる定数 m は粒子の質量である（しかし，波動に質量が付随するというのは奇妙なことであるから，正確にはこの m は，「その存在が粒子として現れるときの質量」というふうにいわねばならない）。それゆえ，この方程式は電子のみならず，粒子としての質量が m であるような，あらゆる物質について成立する方程式である。

もちろん，われわれは(1次元の)自由空間に波動として存在する電子は，

$$\psi = e^{\frac{i}{\hbar}(px - Et)}$$

であるという前提からこの方程式を導いたのだから，シュレーディンガ

一方程式が他の状況 (たとえば陽子に囚われた電子など) において万能なのかどうかは保証の限りではない。それを検証していくことが，これからの作業である。

●係数になぜ虚数 *i* がつくのか

しかしその前に，対応関係 (＊＊＊) になぜ虚数 *i* がついてしまったのかを明らかにしておこう。物理量が虚数になるなどということは，不可解きわまりないことなのだから。

かりに電子の波動方程式が，ふつうの形式，すなわち，
$$\frac{\partial^2 \psi}{\partial t^2} - c^2 \frac{\partial^2 \psi}{\partial x^2} = 0$$
の形であったなら，自由空間におけるその解は，
$$\psi = e^{i(kx-\omega t)}$$
以外にも，
$$\psi = \cos(kx - \omega t)$$
であってもよい (もちろん，これらの解以外に，$kx + \omega t$ の後退波も解であるが，同じことであるから，ここでは進行波のみを扱う。また，cos は sin であっても同じである)。

cos は 2 回微分すると符号は変わるが，もとの cos に戻るから，上の方程式の解となることは明らかである。

しかし，(＊) のエネルギーと運動量の関係を条件にする以上，方程式は時間に関する 1 階微分と空間に関する 2 階微分にならざるをえなかったのだった。

それでは方程式，
$$\frac{\partial \psi}{\partial t} - \gamma \frac{\partial^2 \psi}{\partial x^2} = 0$$
において，
$$\psi = \cos(kx - \omega t)$$
は，解になりうるだろうか。

図5-3●位相が90°ずれてしまうので，係数をどう選んでも等しくできない。

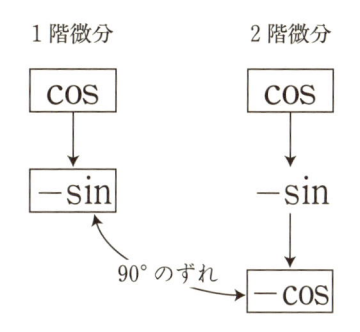

```
        1階微分            2階微分
         cos               cos
          ↓                 ↓
        −sin              −sin
           ↖               ↓
          90°のずれ       −cos
```

　cosの1階微分は $-\sin$ であり，2階微分は $-\cos$ だから，時間項と空間項では位相が90°ずれて，係数 γ をどうとろうと，左辺を0にすることはできない。

　すなわち，この方程式では残念ながら，三角関数は解になりえない！指数関数 e だけが解となるのである。

　この種の方程式は，古典的には熱伝導方程式として知られている。しかし，その解は e の指数部分に虚数 i を含まない。つまり，実数解としては，正弦波と同じように振動する解は存在しないのである。

　われわれは，この方程式に，振動する解 $e^{i(kx-\omega t)}$ を適用した。その結果として，係数 γ に虚数 i が現れたのである。

　それゆえ，簡単にいってしまえば，粒子としてのエネルギーと運動量の関係，

$$E = \frac{p^2}{2m}$$

を，波動においても適用した結果が奇妙な結果をもたらしたのである。

　結論をいえば，そのような奇妙さにもかかわらず，実験事実はシュレーディンガー方程式の正しさを証拠づけている。それゆえ，われわれは，エネルギーや運動量という物理量が，虚数という奇妙なもので表現されることを，認めなくてはならないのである（もちろん，観測される物理量はすべて実数である）。

> ## 中心力があるときのシュレーディンガー方程式
>
> **実習問題 5-1**
>
> 質量 m の粒子に1次元の中心力 $F(x,t)$ が働き，
>
> $$F(x,t) = -\frac{\partial V(x,t)}{\partial x}$$
>
> というポテンシャル $V(x,t)$ が存在するとき，その粒子の波動関数を ψ として（1次元の）シュレーディンガー方程式を導け。
>
> 　中心力の具体例は，万有引力とクーロン力である。中心力では，ポテンシャル・エネルギーを考えることができる（『力学ノート』講義9参照）。

解答＆解説

$$E = \frac{p^2}{2m}$$

は，粒子に外力が働かないときのエネルギーである。もし，中心力が働いていれば，粒子のもつ全エネルギー E は，

$$E = \boxed{\text{(a)}\qquad\qquad} \quad \cdots\cdots ①$$

と書けるはずである。

図5-4 ● クーロン力のポテンシャル・エネルギー

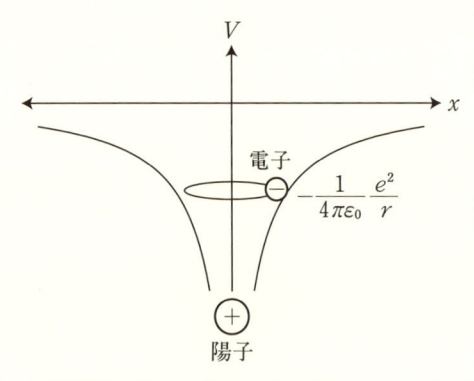

講義2において，水素原子の電子がもつエネルギーが，

$$E = \frac{1}{2}mv^2 - \frac{1}{4\pi\varepsilon_0}\frac{e^2}{r}$$

であったことを思い起こそう。右辺第2項のマイナスの部分が，電子のもつポテンシャル・エネルギーであった。

　そこで，式①に対応関係（＊＊＊）を適用すれば，

$$\begin{cases} E \to i\hbar \dfrac{\partial}{\partial t} \\ p \to -i\hbar \dfrac{\partial}{\partial x} \end{cases}$$

であったから，

$$i\hbar \frac{\partial \psi}{\partial t} = \boxed{\text{(b)} \qquad\qquad\qquad\qquad\qquad}$$

が求めるシュレーディンガー方程式である。◆

この方程式を具体的に解くことは，講義7でおこなうことにし，われわれは棚上げにしておいたψの次元について，次講で決着をつけることにしよう。

補足 「右ねじ」系と「左ねじ」系

演習問題5-1で，解の形を$e^{i(\omega t - kx)}$ではなく$e^{i(kx - \omega t)}$にした理由を説明しておこう。お試しになれば分かるが，$e^{i(\omega t - kx)}$を解にすると，シュレーディンガー方程式として，符号が1箇所違う

$$-i\hbar \frac{\partial \psi}{\partial t} = -\frac{\hbar^2}{2m} \frac{\partial^2 \psi}{\partial x^2}$$

をうる。この結果，エネルギーと演算子の対応関係も，$E \to -i\hbar \dfrac{\partial}{\partial t}$と符号が変わる。じつは，このような形で量子力学の体系を組み立てても何ら不都合は生じない。というのも，この体系では，波動関数がふつうの体系とすべて複素共役になるのだが，じっさいに測定できる量は，$\psi^* \psi$という確率密度だけなので(講義6)，2つの体系はまったく等価なのである。『電磁気学ノート』を読まれた方は，「右ねじの規則」ではなく，「左ねじの規則」を採用しても電磁気学が構築できることを覚えておられるだろう。それとまったく同じ理由である。

習慣にしたがって，われわれは波動として，e^{-ikx}ではなくe^{ikx}を採用することにする(図4-6参照。この図はちょうど「右ねじ」系になっている)。e^{ikx}を採用すると，ここでは証明は略すが，運動量の対応関係も$p \to i\hbar \dfrac{\partial}{\partial x}$ではなく，$-i\hbar \dfrac{\partial}{\partial x}$となるのである。

(a) $\dfrac{p^2}{2m} + V(x,t)$ (b) $-\dfrac{\hbar^2}{2m} \dfrac{\partial^2 \psi}{\partial x^2} + V(x,t)\psi$

LECTURE 06 波動関数の確率解釈

　講義5で，われわれは量子力学の柱ともいうべきシュレーディンガー方程式を得た。これから，この波動方程式を，さまざまな状況のもとに解くことになるのだが，その前にやっておかねばならないことがある。

　それは，シュレーディンガー方程式の解である波動関数とは，具体的にはいったい何を指すのかということである。

　ド＝ブローイやシュレーディンガーは当初，波動関数は電子の形状を表しているのだと考えていた。電子が干渉などの波動性を示すのだとすれば，電子は波そのものであり，1個の電子が電磁波や音波のように拡がった存在だと考えていたのである。しかし，事態はそれほど容易なものではなかった。

● 電子波の干渉

　しばしば引き合いに出される電子の干渉実験を例にして考えてみよう。

　まず，高校物理でもおなじみの光波のヤングの干渉実験を思い起こして頂きたい。

　2つの接近したスリット S_1, S_2 から，同位相の光波が出ると，スクリーン上には，明暗の縞模様ができる。その原因は，スクリーン上の1点に来る S_1, S_2 からの光波の道のりが少しずつずれるからである。すなわち，2つの光波の道のりの差（径路差）が，波長 λ の整数倍なら位相がそろって強め合い，（整数 $+\frac{1}{2}$）倍なら位相が180°ずれて弱め合う，ということである。

　電子線においても，同じ干渉現象が観測される（ただし，2つのスリット間隔は，光波の場合に比べてはるかに狭くしなければならない。なぜなら，このような実験で得られる電子の波長は，可視光線の波長よりずっと短いからである）。

図6-1 ヤングの干渉実験

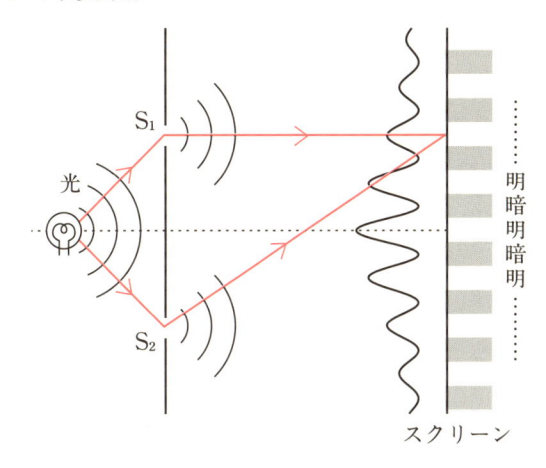

しかし，電子を発射する電子銃は，超ミニ機関銃のようなもので，光源や水面の波とはだいぶ様子が違う。その気になれば，電子を1個，2個と数えることができる――すなわち，電子は粒子として発射されているのである。

図6-2 電子は粒子として発射され，粒子として観測される。

図6-3 たくさんの電子を観測していると，干渉模様ができてくる。

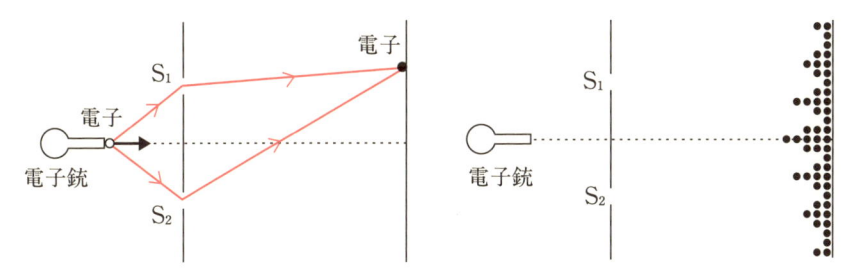

そして，スクリーン上で観測される電子もまた粒子である。すなわち，ちょうど雨粒が舗道を濡らすように，電子はスクリーン上に粒となって降る。

それでは，電子線によって生じる干渉縞とはどんなものなのかといえば，たくさんの電子がスクリーンに当たったときに，その全体像が縞模様になるのである。あたかも，舗道の上に格子があって，ある場所では濡れがひどく，別の場所ではあまり濡れていない，というように。

講義06 ● 波動関数の確率解釈　75

しかし不思議なことに，この干渉は，同時に発射された2個の電子によって起こるのではない。というのも，電子銃の発射強度をぐっと弱めて，電子を1個1個，(機関銃ではなく拳銃のように)時間をずらして発射しても，干渉縞ができるからである。

こうしてわれわれは，ニュートン力学からはまったく予測もできない事実を認めなくてはならなくなるのである。

すなわち，

> 1個の電子は，つねに粒子として観測される。
> にもかかわらず，1個の電子は(自分自身と)干渉する。つまり波動性をもつ。

じつは，上の「つねに粒子として観測される」というのは，やや言葉足らずである。正確には，「電子がどこにあるかを見ようとしたときには」という条件を補足しなければならない。電子の運動量を測定できるような装置を用いると，運動量は確定できるが，そのとき電子の粒子性は消滅する。

この電子の不思議な振る舞いこそが，量子力学の核心といってもよい。

図6-4● 雲のように拡がった電子は，S_1 と S_2 の両方を通過する。

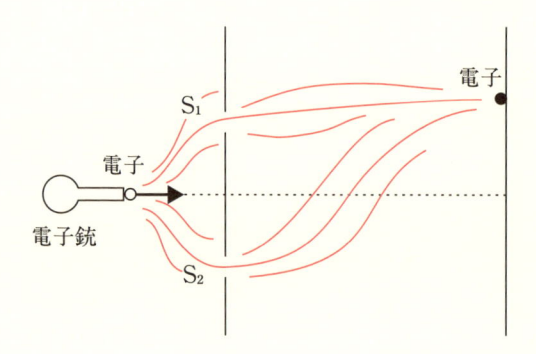

ド＝ブローイやシュレーディンガーは1個の電子が波のように拡がっているというイメージを描いたが，そのような形の電子はけっして観測されないのである。しかし，1個の電子が(自分自身と)干渉を起こすということは，1個の電子がスリットを通過するとき，S_1 と S_2 の両方の

スリットを通過していなくてはならない。よく，電子は雲のように拡がっているとか，幽霊のような存在だといわれる所以(ゆえん)である。

本当に起こっていることは何か——という問いは，多分に哲学的な議論になるので，講義16までおいておくことにしよう。

●ボルンの確率解釈

ともかく，上の事実を認めるとして，それを説明する合理的な解釈はないものか——というところから生まれてきたのが，マックス・ボルンによる確率解釈である。

 1個の電子が，スクリーン上のどこに来るかを予測することは，原理的に不可能である。しかし，たくさんの電子を用いて実験すると，かならず濃い部分と薄い部分の縞模様が現れる。この縞模様は，電子の数さえ十分多ければ，実験の条件が同じである限り，まったく同じパターンを示す。すなわち，電子がある場所に来る確率は，確実に予測できるのである。

そこでボルンは，シュレーディンガー方程式の解である波動関数は，この電子の分布の確率を表すものだと考えた。じっさい，そのような考え方は，量子力学的なあらゆる実験において，正しい結果を与える。だから，実在とは何かという哲学的な問いはさておき，(ニュートン力学において，理論上，運動方程式がある瞬間の物体の位置を完全に決定するのと対応して)量子力学においては，シュレーディンガー方程式が，ある瞬間の粒子の存在確率を完全に決定するのである。

しかし，ちょっと待った。

われわれは，波動関数が複素数であることを忘れてはならない。存在確率という以上，それは50パーセントとか30パーセントとかいうような0から100パーセントの間の実数でなくてはならない(「存在確率は，$3+5i$パーセントである」などといわれても，それは実体をなさない空虚な表現である)。それでは，波動関数のどこにそのような確率を求めればよいのだろう？

それは，波動関数の実数部分を見ればよいのだろうか。もし，そうだ

とすると，
$$\psi = e^{ikx}$$
というような形の場合，その実数部分は，
$$\psi \text{の実数部分} = \cos kx$$
となり，ある場所では粒子はかなりの確率で存在するが，別の場所ではまったく存在しないというパターンが周期的に繰り返されることになる。箱に閉じ込められた定常波や干渉によって強め合ったり弱め合ったりする波の場合にはそれでよいかもしれないが，何の制約も受けずに無限に拡がる進行波の場合には，それが粒子として存在する確率は空間のどの点でも同じでなければならないだろう。

ただし，ある粒子が無限に拡がっていれば，その粒子をある場所で発見する確率は，どこも0になってしまう。しかし，そのような意地悪な問いはいまは無視しておこう。無限に拡がるというのは数学的な操作であって，現実の粒子は非常に狭い部分だけを見れば正弦波のように見えても，十分な大きさをとれば，かなり狭い領域のみにおさまっているものなのである。

そこで，制約を受けない正弦波において，場所によらず一定にたもたれているものは何かと考えれば，すぐさま複素平面上を回転する針が思い出されるだろう（47ページ，図4-6）。

正弦波の回転する針の長さは，どこでも同じであり，かつその長さは正の実数で表すことができる。

しかし，結論をいえば，実験的に確かめられる粒子の存在確率は，回転する針の長さではなく，回転する針の長さの2乗に比例する。なぜ2乗になるのかを論理的に証明することは難しいが，調和振動子のエネルギーの強さが振幅の2乗に比例したことを思い出して頂きたい（講義3, 29ページ）。

たとえば，スクリーン上にできた電子の干渉による縞模様の濃さは，マクロ的には強度，すなわちエネルギーに他ならないから，その縞模様を作る波動関数の振幅の2乗に比例しているだろう。

干渉の縞模様を作る波動関数は，調和振動の形をするとは限らないから，その強さが振幅の2乗に比例するとはいえないという反論があるかもしれない。しかし，どの

ような模様も(特殊な例外は除き)振動数の異なる無数の調和振動子の重ね合わせとして記述できることが，数学的に保証されている。

図6-5●波動関数 ψ の絶対値の2乗が，粒子の存在する確率密度を表す。

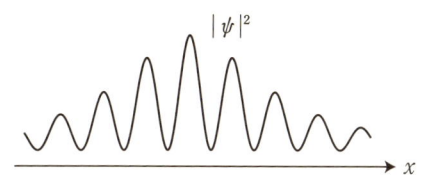

ところで，その縞模様の強さ(濃さ)とは，ミクロ的に見れば，1個1個の電子がそこにやってきた積み重ねの結果なのだから，粒子がそこにやってくる個数に比例するはずである。そして，それはまさに粒子がそこにやってくる確率に他ならない。

こうして，われわれの次の結論を得る。

> シュレーディンガー方程式の解である波動関数は，粒子がその位置に存在する確率を示すものである。そして，その確率(密度)は，波動関数の振幅の2乗で正確に与えられる。

それゆえ，波動関数は粒子のいかなる具体的な物理量を示すものでもない。それは波動ではあるが，媒質を伴った物理的存在ではないのである。それゆえ**確率波**と呼ばれるが，その実体は数学的なものである。言い換えると，物理的次元をもたない，たんなる数である。

問1 ある複素数 A に対し，その複素共役を A^* と表すと，複素ベクトル A の長さの2乗 $|A|^2$ は，A^*A となることを示せ。

解答 a, b を実数として，
$$A = a + ib$$
であるとき，A の複素共役 A^* とは，
$$A^* = a - ib$$
と定義される。ようするに，虚数 i の項の符号を変えたものである。複素平面で表せば，ベクトルを横軸(実数軸)に対して線対称に移したものである。

図6-6 ● $|A|^2 = a^2 + b^2$ は三平方の定理から明らか。

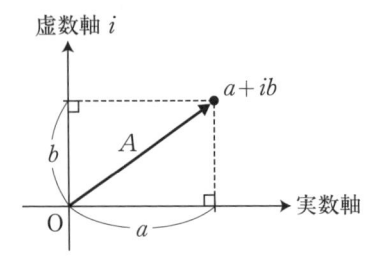

図を描けば，一目瞭然であるが，
$$|A|^2 = a^2 + b^2$$
である。一方，単純な計算から，
$$\begin{aligned} A^*A &= (a-ib)(a+ib) \\ &= a^2 - (ib)^2 = a^2 - (-b^2) \\ &= a^2 + b^2 \end{aligned}$$
であるから，
$$|A|^2 = A^*A$$
である。

もちろん，A^*A は，AA^* としても同じことであるが，習慣上「*」印のついた方を前にしておく(73ページ補足参照)。◆

問2 （1次元の）波動関数のある瞬間の形が，
$$\psi = Ae^{ikx}$$
であるとき，この波動関数の振幅の絶対値の2乗が，
$$|A|^2 = \psi^*\psi$$
で与えられることを示せ。

解答 簡単な計算ですぐに導ける。ここで注意しておきたいことは，与えられた波動関数の振幅 A は，複素数であることである。量子力学においては，登場する数がいつも複素数である可能性を考慮しておかねばならない。

の複素共役が，

$$e^{-ikx}$$

であることは，いうまでもないだろう。

図6-7● e^{ikx} と e^{-ikx} は，互いに複素共役。

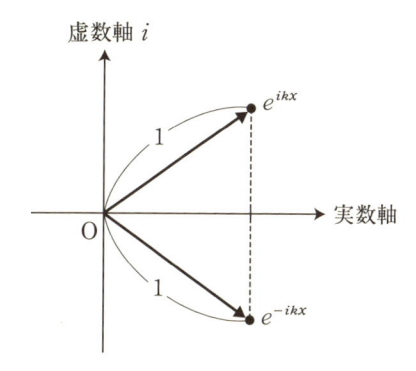

図で考えてもよし，$\cos kx + i \sin kx$ で計算してもよし。
そこで，

$$\psi^* = A^* e^{-ikx}$$

だから，

$$\psi^* \psi = A^* e^{-ikx} \cdot A e^{ikx}$$

ここで，$e^{-ikx} \cdot e^{ikx} = 1$ なので，

$$= A^* A = |A|^2 \qquad ◆$$

複素数の計算に慣れたところで，確認しておきたい物理数学的事実は，シュレーディンガー方程式の解 ψ の確率振幅の絶対値の2乗は，

$$\psi^* \psi$$

として表すことができるということである。今後，量子力学のより本質的な部分に近づいていくとき，われわれはこのような表現(複素共役同士のかけ算)にしばしば出会うことになるだろう。

●波動関数の規格化

以下で述べることは，量子力学の本質ではなく，すこぶる単純な数学的操作にすぎない。しかし，試験の答案としては，必要欠くべからざる

ものなので，いま少しお付き合い頂きたい。

波動関数(の振幅の絶対値の 2 乗)が確率を表すことが分かった以上，それは何パーセントとか何割何分何厘とか，あるいは 0. 何とかといった数で表すことになる。

たとえば，ある野球選手が 1 シーズン 200 本のヒットを放ったとして，その選手が打席に入ったときにヒットを打つ確率は，もちろん 200 ではない。あたりまえのことだが，200 を，打席に入った回数で割っておかねばならない。このような操作を規格化というのである。

問 3 ある選手の 1 シーズンのヒット数が 200 で，ヒットを打たなかったその他の打席数が 400 であった。この選手が打席に入ったとき，ヒットを打つ確率はいくらか(この問題とは関係ないからどうでもいいことだが，この確率は打率ではない。打率は打数に対する確率であるが，この問題は打席に対する確率である)。

解答 この選手の全打席数は，200＋400 であるから，ヒットを打つ確率 P_1 は，

$$P_1 = \frac{200}{200+400} = \frac{200}{600} = 0.333$$

◆

図6-8●確率の合計は 1 である。

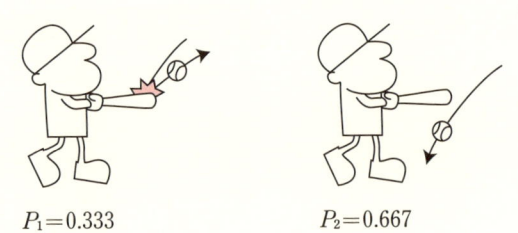

$P_1 = 0.333$ $P_2 = 0.667$

上の問いでは，「ヒットを打つ」という事象と，「ヒットを打たない」という事象の 2 つを考えた。もちろん，それ以外の事象はない。それゆえ，ヒットを打つ確率 P_1 とヒットを打たない確率 P_2 は，

$$P_1 + P_2 = 1$$

でなければならない。このように，可能性のあるすべての事象の確率の和は，かならず1でなければならない。

先に波動関数の振幅の絶対値の2乗が存在確率に比例することを見たが，波動関数を確率波と呼ぶなら，振幅の2乗が確率そのものとなるように波動関数の係数を整えておくのが，いちばん都合がよいだろう。これを，**波動関数の規格化**と呼ぶのである。

たとえば，2つの事象1と2しか取り得ない量子力学的状態を考えてみよう（これは，電子の位置 x を決めるという状況とは，まったく別の状況である。講義15で登場する電子のスピンは，このような二者択一的物理量である）。

このとき（まだ規格化されていない）波動関数 ψ' は，たんに2つの複素数 c_1, c_2 で表されるが，これを，

$$\psi' = \begin{pmatrix} c_1 \\ c_2 \end{pmatrix}$$

と書くことにする。そこで，この波動関数を規格化してみよう。

問4 2つの複素数からなる波動関数

$$\psi' = \begin{pmatrix} 1 \\ 1+i \end{pmatrix}$$

を規格化せよ。

解答 ψ' の複素共役は，

$$\psi'^{*} = \begin{pmatrix} 1 \\ 1-i \end{pmatrix}$$

だから，

$$\psi'^{*} \times \psi' = \begin{pmatrix} 1 \times 1 \\ (1-i) \times (1+i) \end{pmatrix}$$
$$= \begin{pmatrix} 1 \\ 2 \end{pmatrix}$$

である（このかけ算は，数学における行列のかけ算とは異なる。ここでだけ用いるかりの演算規則である）。

ようするに、これはヒットを打つ打席が1、打たない打席が2というのと同じである。それゆえ、確率として表すには、1/3, 2/3となるように、係数に1/3をつければよい。ただし、振幅の絶対値の2乗が確率だから、波動関数で表記するときはルートしておかねばならない。以下の計算は、そういう単純なことをしているだけである。

いま、規格化された波動関数を ψ として、

$$\psi = k\psi'$$

とおこう。

k は正の実数としておく。規格化は、たんなる数学的操作だから、k をわざわざ負にする必要は何もない。ましてや、複素数にして事態を複雑化するのは無意味である。

すると、

$$\psi^* \times \psi = k\psi'^* \times k\psi' = k^2 \psi'^* \times \psi'$$
$$= \begin{pmatrix} k^2 \times 1 \\ k^2 \times 2 \end{pmatrix}$$

これが確率そのものを表すためには、足して1にならなければいけないから、

$$k^2 \times 1 + k^2 \times 2 = 1$$

すなわち、

$$3k^2 = 1$$
$$\therefore \quad k = \frac{1}{\sqrt{3}}$$

となる。よって、

$$\psi = \begin{pmatrix} \frac{1}{\sqrt{3}} \\ \frac{1+i}{\sqrt{3}} \end{pmatrix}$$

となる。◆

一般に、2つの事象をとりうる(規格化されていない)波動関数を、

$$\psi' = \begin{pmatrix} c_1 \\ c_2 \end{pmatrix}$$

としたとき、規格化された波動関数 ψ は、

$$\psi = \begin{pmatrix} \dfrac{c_1}{\sqrt{c_1{}^*c_1 + c_2{}^*c_2}} \\ \dfrac{c_2}{\sqrt{c_1{}^*c_1 + c_2{}^*c_2}} \end{pmatrix}$$

あるいは，

$$\psi = \begin{pmatrix} \dfrac{c_1}{\sqrt{|c_1|^2 + |c_2|^2}} \\ \dfrac{c_2}{\sqrt{|c_1|^2 + |c_2|^2}} \end{pmatrix}$$

となる。

それでは，連続的な波動関数の場合を練習してみよう。

●量子力学を創った人々

ド＝ブローイ(1892-1987)

演習問題 6-1 波動関数の規格化

無限に高い障壁によって、$-L/2 \leq x \leq L/2$ の間に囚われた粒子があり、その規格化されていない波動関数が、

$$\psi' = \cos\frac{3\pi x}{L} e^{i\omega t}$$

であるとき、規格化された波動関数を求めよ。
また、粒子の確率分布の様子を図示せよ。

解答&解説 規格化された波動関数 ψ を、

$$\psi = k\psi' = k\cos\frac{3\pi x}{L} e^{i\omega t}$$

としよう。k はもちろん、正の実数としておく。

波動関数が連続であるときには、粒子を位置 x に見出す確率というのは数学的には 0 になってしまう（$-L/2$ と $L/2$ の間に、実数は無限にあるのだから）。それゆえ、数学的な操作ではあるが、このような場合には、位置に幅をもたせて、粒子が x と $x+\mathrm{d}x$ の間にある確率というものを考えよう。これを $P(x)\mathrm{d}x$ と書く。このとき、$P(x)$ は「単位長さあたりの確率」という意味になるから、これを**確率密度**と呼ぶ。そうすると、

$$\begin{aligned}P(x)\mathrm{d}x &= \psi^*\psi\,\mathrm{d}x \\ &= k\cos\frac{3\pi x}{L}e^{-i\omega t} \cdot k\cos\frac{3\pi x}{L}e^{i\omega t}\,\mathrm{d}x \\ &= k^2\cos^2\frac{3\pi x}{L}\mathrm{d}x\end{aligned}$$

となり、時間項が消える。これは、粒子をある場所に見つける確率が、時間によらないことを示している。==外部からのエネルギーの出入りがない定常波の場合には、空間項と時間項が分離され、確率は時間によらない==ことになる。

さて、粒子を $-L/2$ から $L/2$ のどこかに見出す確率は 1 でなくてはならないから、

$$\int_{-\frac{L}{2}}^{\frac{L}{2}} P(x)\,\mathrm{d}x = 1$$

である。すなわち，

$$\int_{-\frac{L}{2}}^{\frac{L}{2}} k^2 \cos^2 \frac{3\pi x}{L}\,\mathrm{d}x = 1$$

ここで，三角関数の公式，$\cos^2 \theta = \dfrac{1+\cos 2\theta}{2}$ を使って，

$$k^2 \int_{-\frac{L}{2}}^{\frac{L}{2}} \frac{1+\cos \dfrac{6\pi x}{L}}{2}\,\mathrm{d}x = 1$$

ここで，$\cos \dfrac{6\pi x}{L}$ の項は，x が $-L/2$ と $L/2$ の間にぴったり3波長分が入っているから，積分するまでもなく，その面積はプラス・マイナスが打ち消し合って0である。そこで，

$$k^2 \left[\frac{1}{2}x\right]_{-\frac{L}{2}}^{\frac{L}{2}}$$

$$= \frac{1}{2}k^2 \left[\frac{L}{2} - \left(-\frac{L}{2}\right)\right]$$

$$= \frac{L}{2}k^2 = 1$$

よって，

$$k = \sqrt{\frac{2}{L}}$$

となる。すなわち，規格化された波動関数は次の通りである。

$$\psi = \sqrt{\frac{2}{L}} \cos \frac{3\pi x}{L} e^{i\omega t} \quad \cdots\cdots\text{(答)}$$

また，確率分布の様子は，

$$P(x) = \psi^* \psi = \frac{2}{L} \cos^2 \frac{3\pi x}{L}$$

$$= \frac{1}{L}\left(1 + \cos \frac{6\pi x}{L}\right)$$

だから，次図のようになる。参考までに，波動関数の形(時間項を1にした，たとえば $t=0$ のときの形)も示しておいた。

図6-9●確率分布と波動関数(の形)
　　　　(波動関数の振幅は，L の値によって変わるので，相対的なものである)

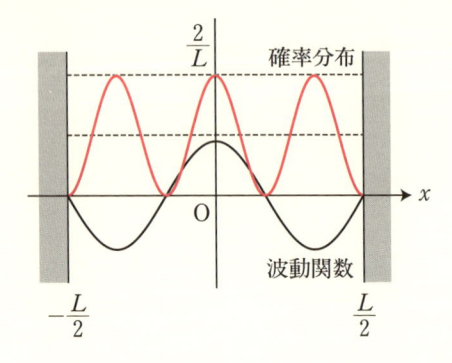

　蛇足ながら，計算に現れた数学的操作は，何も量子力学特有のものではない。たとえば，交流の電気回路において，抵抗に発生する消費電力などは，同じように計算される。違いは，かたや電圧・電流・消費電力といった実体であるのに対して，量子力学では，ψ は複素数で表現された確率密度関数であるという点だけである。

講義 LECTURE 07 シュレーディンガー方程式を解く1

　前講までで，シュレーディンガー方程式そのものと，その解である波動関数が何を意味するかを一通り見てきた。講義5の実習問題5-1で，1次元のポテンシャル $V(x, t)$ が存在するときのシュレーディンガー方程式 を導いたが，それは次のようなものであった。

$$i\hbar \frac{\partial \psi}{\partial t} = -\frac{\hbar^2}{2m}\frac{\partial^2 \psi}{\partial x^2} + V(x, t)\psi$$

　われわれは，いよいよこの方程式を具体的に解こうというわけである。
　しかしその前に，はやる心を落ち着かせて，いくつかの点を再確認しておこう。

●いくつかの確認事項

　まず，この方程式が対象としているものは何かといえば，たとえば電子などの，ニュートン力学でいえば質点に相当するような粒子である。頭の中では電子をイメージしておけばよいが，電子以外の粒子でもよい。というのも，方程式の中には粒子の質量 m が現れているが，この m を陽子の質量とすれば，陽子の方程式となるからである。ただ，心しておかねばならないことは，われわれは本当は定数 m の真に意味することは知らないという点である。というのも，質量という概念は古典的なものであり，それは一粒の粒子がニュートンの運動方程式にしたがうときに付随する物理量であって，シュレーディンガー方程式の解である波動関数（確率密度関数）にとっては，そのような古典的な質量の概念は適用できないからである。そこで，m はエネルギーと運動量を結ぶ例の関係，

$$E = \frac{p^2}{2m}$$

において現れてくる，電子なら電子という存在に固有の(真の意味は不明の)定数とみなしておくべきなのである。

さて次に，ポテンシャル $V(x,t)$ の存在についての確認事項である。

$V=0$ の場合の解については，われわれはすでに知っている。それは(規格化は考慮しない形で書けば)，

$$\psi = e^{i(kx-\omega t)}$$

であった。もちろん，これに $e^{i\theta}$ (θ は任意の実数)という位相の定数をかけておいても，一向に差し支えない。

そもそも，この波動関数が解であるというのは，シュレーディンガー方程式を解いた結果から出てきたのではない。このような解を前提として，逆にシュレーディンガー方程式を導いたのであった。

さて，波動関数 ψ の意味することは，いま考えている粒子が存在する確率である。もう少し正確にいうと，

> 時刻 t において，粒子の位置を測定したとき，その粒子が位置 x で発見される確率密度は $\psi^*\psi$ に比例する

というものである。

確率密度という言い方をしたのは，位置 x が連続的に変化しているので，粒子がぴったり位置 x で発見される確率は 0 になってしまうからである。それゆえ，より現実的な表現をすれば，

> 粒子が位置 x と $x+\mathrm{d}x$ の間に発見される確率は $\psi^*\psi\,\mathrm{d}x$ に比例する

としなければならない。

ところで，次の点は重要である。

図7-1 ● $\psi(x,t)$ は波動関数の1種にすぎない。たとえば，$\phi(p,t)$ という波動関数を考えることもできる。

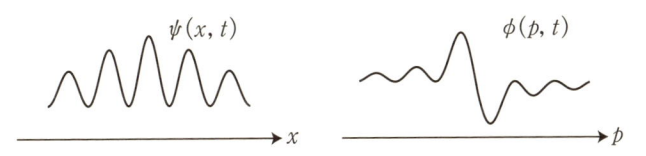

講義07 ● シュレーディンガー方程式を解く1

波動関数を，$\psi(x,t)$ というように，位置 x と時刻 t の関数とおいてしまった以上，この ψ は粒子の位置を測定したときに現れる確率密度関数だということである。しかし，位置 x は，たんに1つの物理量にしかすぎない(時刻 t もまたしかりであるが，シュレーディンガー方程式においても，時刻 t はニュートン力学と同様に，一種「絶対的」な変数として扱われる)。われわれは，位置 x の代わりに，その粒子の運動量 p を観測することも**できる**はずである。このとき，その運動量の確率密度を示す波動関数は，$\phi(p,t)$ とでも表記されることになるだろう。

$\phi(p,t)$ については，講義14においてあらためて考察するが，われわれはつねに，$\psi(x,t)$ によって，粒子の位置を観測しているのだという特殊性を忘れないようにしておこう。

最後に，ポテンシャル $V(x,t)$ が存在するとき，粒子の存在形態は大きく2通りある。

1つは，粒子がそのポテンシャルに囚われている場合(束縛状態)であり，もう1つは粒子がそのポテンシャルによって散乱される場合である。これはたんなる状況の差にすぎないが，問題を解くテクニックでいうと，散乱の問題はいささかやっかいである。そこで，本書では主にポテンシャルに囚われた粒子を扱い，散乱の問題は次講でごく簡単なものを扱う程度にしておこう(本書で量子力学の本質的なことを学んで頂ければ，そうしたやや複雑な応用も，容易なこととなろう)。

ということで，やや長いまえおきを終え，しばらくはポテンシャルに囚われた束縛状態にある粒子の波動関数を求めることに邁進することにしよう。

●解を位置 x と時間 t に分離する

まず，シュレーディンガー方程式を解きやすい形にするために，ポテンシャル V が，時間によらない場合を取り扱うことにしよう。このような要求はすこぶる妥当である。たとえば，われわれは大きな目標として，水素原子における電子の波動関数を求めてみたいわけだが，このとき陽子が作るポテンシャルは，時間的に変化したりしない。一般に，ポテン

シャルが時間とともに変化するような場というものは，かなり特殊なものであろう。

　そこで，
$$V = V(x)$$
という1次元ポテンシャルを考えると，1次元のシュレーディンガー方程式は，
$$i\hbar \frac{\partial \psi}{\partial t} = -\frac{\hbar^2}{2m}\frac{\partial^2 \psi}{\partial x^2} + V(x)\psi$$
となるが，この解ψの性質は，かなり漠然とではあるが予測することができる。つまり，講義2で見たように，ポテンシャルに囚われた粒子は，進行波でも後退波でもなく，定常波を作るであろうということである。もし定常波なら，波動関数$\psi(x,t)$は，空間xと時間tに変数分離されるであろう(すでに講義4問2で見た)。そこで，そのようなことを期待して，
$$\psi(x,t) = u(x)\cdot f(t)$$
とおき，シュレーディンガー方程式に代入してみる。

　いうまでもなく，
$$\frac{\partial \psi}{\partial x} = f(t)\cdot \frac{\mathrm{d}u(x)}{\mathrm{d}x}$$
$$\frac{\partial \psi}{\partial t} = u(x)\cdot \frac{\mathrm{d}f(t)}{\mathrm{d}t}$$
であるから，
$$i\hbar u(x)\frac{\mathrm{d}f(t)}{\mathrm{d}t} = -\frac{\hbar^2}{2m}f(t)\frac{\mathrm{d}^2 u(x)}{\mathrm{d}x^2} + V(x)u(x)f(t)$$
両辺を，$u(x)f(t)$で割っておいて，
$$\frac{i\hbar}{f(t)}\frac{\mathrm{d}f(t)}{\mathrm{d}t} = \frac{1}{u(x)}\left(-\frac{\hbar^2}{2m}\frac{\mathrm{d}^2 u(x)}{\mathrm{d}x^2} + V(x)u(x)\right)$$

　この式の左辺は，明らかに変数xを含まない。また，右辺は変数tを含まない。tが自由に変化したときの値(左辺)と，xが自由に変化したときの値(右辺)が，つねに同じということは，その値はtやxによらない定数でなくてはならないだろう。そこで，それを定数Eと書けば，上

の式は,

$$\begin{cases} \dfrac{i\hbar}{f(t)}\dfrac{\mathrm{d}f(t)}{\mathrm{d}t} = E & \cdots\cdots ① \\ \dfrac{1}{u(x)}\left(-\dfrac{\hbar^2}{2m}\dfrac{\mathrm{d}^2 u(x)}{\mathrm{d}x^2} + V(x)\,u(x)\right) = E & \cdots\cdots ② \end{cases}$$

となる。

●時間 t に関する方程式の解

2つの式①, ②は, それぞれ変数を1つしか含まないから, 偏微分方程式ではなく微分方程式である。このうち, 式①は簡単に解ける。すなわち, 書き直して,

$$i\hbar\frac{\mathrm{d}f(t)}{\mathrm{d}t} = Ef(t)$$

求める関数 f とそれを微分した $\mathrm{d}f/\mathrm{d}t$ が比例するのだから, その解は, A と α を適当な定数(実数だけではなく複素数の可能性もある)として,

$$f(t) = Ae^{\alpha t}$$

と書けるはずである。

$f(t)$ が, $e^{\alpha t}$ 以外に時間項を含むとして, たとえば,
$$f(t) = Ag(t)e^{\alpha t}$$
とでもおいて, 方程式に代入してみれば, そのような解は方程式をみたさないことが分かるであろう。

$f(t) = Ae^{\alpha t}$ を, もとの方程式に代入すれば,

$$i\hbar A\alpha e^{\alpha t} = EAe^{\alpha t}$$

$$\therefore \quad \alpha = \frac{E}{i\hbar} = -\frac{iE}{\hbar}$$

よって,

$$f(t) = Ae^{-\frac{iEt}{\hbar}}$$

これだけでは A の値は定まらないが, 波動関数は講義6で見たように規格化することになっているから, そこから自動的に決まる。

この解は, 複素数であるということを別にすれば, 弦に生じる定常波

の時間変化部分とまったく同じ単振動(調和振動)である——ただし，そうであるためには，定数 E が実数でなくてはならない。

もし，E が虚数を含むと，$f(t)$ は時間とともに急激に減衰するか，逆に発散していく(『力学ノート』講義 8「減衰振動と強制振動」を参照のこと)から，あまり現実的な解とはいえない。われわれは，あらためて別の観点から，この E が実数でなくてはならないことを講義 13 で見ることになるだろう。

ところで，調和振動の様子は，角振動数 ω を用いて，
$$e^{-i\omega t}$$
と書けた。そこで，f の指数部分を ω で表してみると，
$$\frac{E}{\hbar} = \omega$$
となるから，
$$E = \hbar\omega$$
となる。これは，講義 5 で見た量子的エネルギーに他ならない！(それゆえ，E という表記にしている。)

さて，次は式②を解くことになるのだが，その前に簡単な問いをやっておこう。

問 1 上の結果から，シュレーディンガー方程式の解である波動関数は，
$$\psi(x, t) = u(x) e^{-\frac{iEt}{\hbar}}$$
と書けるが，この波動関数の確率密度は時間によって変化しないことを示せ。

答えを示す前に，その意味を述べておけば，粒子の存在確率密度が時間変化しないとは，確率分布の形が決まっているということである(ちょうど弦の振動における定常波の形が決まっているように)。こういう状況を粒子の定常状態という。本書で(そしてほとんどの入門テキストで)扱うのは，こうした定常状態の量子力学である。

解答 確率密度 P は，$\psi^*\psi$ に比例したから(講義 6，80 ページ)，(規格化定数を別にして)

$$P = \psi^*\psi = u^*(x)e^{\frac{iEt}{\hbar}}u(x)e^{-\frac{iEt}{\hbar}}$$
$$= u^*(x)\,u(x)$$

$u(x)$ は時間 t を含まないから，確率密度 P は時間によらない．◆

問2　上の結果から，
$$i\hbar\frac{\partial \psi}{\partial t} = E\psi$$
なる関係式が成立することを示せ．

解答
$$\psi(x, t) = u(x)e^{-\frac{iEt}{\hbar}}$$
であるから，
$$i\hbar\frac{\partial \psi}{\partial t} = i\hbar u(x)\cdot\left(-\frac{iE}{\hbar}\right)e^{-\frac{iEt}{\hbar}}$$
$$= Eu(x)e^{-\frac{iEt}{\hbar}}$$
$$= E\psi \qquad\qquad ◆$$

この式の量子力学的意味は，やがて明らかとなるであろう．講義5 (69ページ) において，エネルギーが，
$$i\hbar\frac{\partial}{\partial t}$$
に対応していることを見た．この式の左辺は，まさにそのような形になっている．

●波動関数の形に関する解

さて，いよいよ，$u(x)$ である．$u(x)$ は時間に依存しない．つまり，波の形であり，それ(その絶対値の2乗)は，とりもなおさず，粒子がどのあたりに存在するかという確率分布を示す．粒子を雲のように拡がった存在と解釈するのは，前にも述べたように(講義6, 76ページ)正しい量子像ではないが，イメージとしては雲の濃淡のようなものを思い浮かべて構わないであろう．

$u(x)$ を解くための方程式は，式②を変形して，

$$-\frac{\hbar^2}{2m}\frac{\mathrm{d}^2 u(x)}{\mathrm{d}x^2} + V(x)\,u(x) = Eu(x) \quad \cdots\cdots ③$$

である。この解 $u(x)$ こそ，粒子がどこに存在するのかという重要な答えを示してくれるものだから，この方程式を狭い意味においてシュレーディンガー方程式と呼ぶことも多い。

より一般的には，u は位置 (x, y, z) の3変数の関数であるから，方程式は，

$$-\frac{\hbar^2}{2m}\nabla^2 u(\boldsymbol{r}) + V(\boldsymbol{r})u(\boldsymbol{r}) = Eu(\boldsymbol{r})$$

となる（∇^2 の意味については，『電磁気学ノート』付録参照）。講義9において，われわれはこの3次元のシュレーディンガー方程式に挑戦する。

この方程式の解が，$V(x)$ の形に依存するのは当然である。本書の最終目標は，V が3次元のクーロン・ポテンシャルの場合の $u(\boldsymbol{r})$ を求めることである。なぜなら，それこそが水素原子における電子の分布を示すものであり，化学反応を量子力学で解明するという実り多い分野への基礎となるものだからである。

しかし，とりあえずはいちばん簡単なところからはじめよう。

演習問題 7-1　1次元の無限に高い井戸型ポテンシャル

次のような1次元のポテンシャル V がある。

図7-2 ● 無限に高い障壁

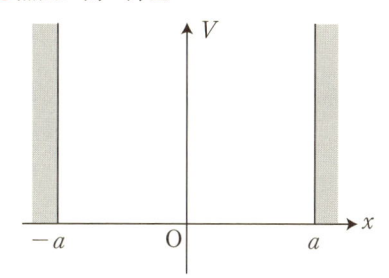

$-a < x < a$ では，$V = 0$

$x \leq -a$ および $a \leq x$ では，$V = \infty$

このようなポテンシャル・エネルギーの障壁に囚われた質量 m の1個の粒子の，波動関数 $u(x)$ とエネルギー準位を求めよ。ただし，波動関数の規格化はしなくてよい（それは，たんなる数学的操作だから）。

解答&解説 実習問題 2-1 で，まったく同じ問題を扱った。それをこんどは，大学の物理らしく，シュレーディンガー方程式から求めようというのである。

壁の位置 $x=\pm a$ において，波動関数の値が 0 になるという境界条件を認めることにしよう。そうすれば，話はさほど難しくはない。

波動関数は，$-a<x<a$ の範囲だけで考えればよいから，(時間によらない)シュレーディンガー方程式は($V=0$ として)，

$$-\frac{\hbar^2}{2m}\frac{d^2 u(x)}{dx^2} = Eu(x)$$

となる。

E は(それを粒子のエネルギーとするならば)正の実数であるから，この微分方程式の形は，実関数 $\sin \alpha x$ や $\cos \alpha x$ が解となりうる。だから，高校物理に戻って $\sin$ と $\cos$ でやってみてもよい。できれば試されたし。ここではあくまで指数関数 e でやってみることにしよう。

この解を，

$$u = e^{\lambda x}$$

とおいてみると，

$$\frac{d^2 u}{dx^2} = \lambda^2 e^{\lambda x}$$
$$= \lambda^2 u$$

だから，これを方程式に代入して，

$$-\frac{\hbar^2}{2m}\cdot\lambda^2 = E$$

となる。$\hbar, m, E$ はすべて正だから，λ^2 は負となり，λ は虚数となる。すなわち，

$$\lambda = \pm\frac{\sqrt{2mE}}{\hbar}i$$

こうして，2 つの(独立な)特殊解，

$$u_1 = e^{\frac{i\sqrt{2mE}}{\hbar}x}$$
$$u_2 = e^{-\frac{i\sqrt{2mE}}{\hbar}x}$$

が求まるから，一般解は，

$$u = Ae^{\frac{i\sqrt{2mE}}{\hbar}x} + Be^{-\frac{i\sqrt{2mE}}{\hbar}x}$$

となる(付録参照)。後は，未定の定数 A と B を決めることと，エネルギー E の値を求めることであるが，そのために境界条件を使おう。

$x=\pm a$ で $u=0$ でなくてはならないから，

$$u(a) = Ae^{\frac{i\sqrt{2mE}}{\hbar}a} + Be^{-\frac{i\sqrt{2mE}}{\hbar}a} = 0 \quad \cdots\cdots ①$$
$$u(-a) = Ae^{-\frac{i\sqrt{2mE}}{\hbar}a} + Be^{\frac{i\sqrt{2mE}}{\hbar}a} = 0 \quad \cdots\cdots ②$$

ここで，未知数は A, B, E の3つであるが，もう1つ規格化の条件があるから，理屈の上からは A, B, E は求められることになる。まず，A と B の関係を知るために，①×A－②×B としてみよう($\sqrt{2mE}/\hbar = k$ とおいておく)。

$$\begin{array}{ll} A^2 e^{ika} + ABe^{-ika} = 0 & ①\times A \\ -)\ ABe^{-ika} + B^2 e^{ika} = 0 & ②\times B \\ \hline (A^2 - B^2)e^{ika} = 0 & \end{array}$$

一般に，$e^{i\theta}$ は複素平面における長さ1，位相 θ の針のことだから，けっして0ではない。すなわち，$e^{ika} \neq 0$ だから，

$$A^2 - B^2 = 0$$

すなわち，

$$B = +A \text{ または } B = -A$$

である。

$B=+A$ のとき，

$$u = A(e^{ikx} + e^{-ikx}) = 2A\cos kx$$

係数 $2A$ は規格化によって決まる定数だから，$2A$ のままでもよいが，いまは適当な複素数 A_1 としておこう。

この結果に，もう一度，境界条件を入れると，

$$A_1 \cos ka = 0 \quad (x=-a \text{ も同じ})$$

が得られる。これより，エネルギー準位が求まる。すなわち，上式が成立するためには，

$$ka = \left(n+\frac{1}{2}\right)\pi \quad (n = 0, 1, 2, \cdots)$$

k の値をもとに戻して,
$$\frac{\sqrt{2mE_n}}{\hbar}a = \left(n+\frac{1}{2}\right)\pi$$
よって,
$$E_n = (2n+1)^2 \frac{\pi^2 \hbar^2}{8ma^2}$$
また,このときの(規格化されていない)波動関数は,
$$u(x) = A_1 \cos\left\{\frac{(2n+1)\pi x}{2a}\right\}$$
となる。

次に,$B = -A$ のときは,
$$u = A(e^{ikx} - e^{-ikx}) = 2iA \sin kx$$
係数 $2iA$ は規格化で決定されるから,いまは複素数 A_2 としておこう。同じく境界条件を代入して,
$$A_2 \sin ka = 0$$
これが成立するためには,
$$ka = n\pi \quad (n = 1, 2, 3, \cdots)$$
すなわち,
$$\frac{\sqrt{2mE_n}}{\hbar}a = n\pi$$
よって,
$$E_n = \frac{n^2 \pi^2 \hbar^2}{2ma^2}$$
波動関数は,
$$u(x) = A_2 \sin\left(\frac{n\pi x}{a}\right)$$
このままでは,2つの場合の関係がつかみにくいかもしれないから,上の結果の n の部分を $2n$ にしてみよう。すると,
$$E_n = \frac{(2n)^2 \pi^2 \hbar^2}{8ma^2}$$
$$u(x) = A_2 \sin\left\{\frac{(2n)\pi x}{2a}\right\}$$

となり，2つの場合を統合できる。つまり，それぞれの場合の，$2n+1$ と $2n$ をあらためて整数 n' に置き換えて，

$$\left.\begin{array}{l} n' \text{が奇数のとき}: u(x) = A_1 \cos\left(\dfrac{n'\pi x}{2a}\right) \\[2mm] n' \text{が偶数のとき}: u(x) = A_2 \sin\left(\dfrac{n'\pi x}{2a}\right) \end{array}\right\} \quad \cdots\cdots\text{(答)}$$

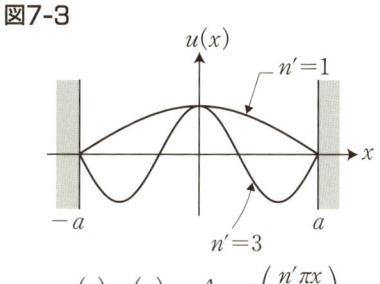

図7-3

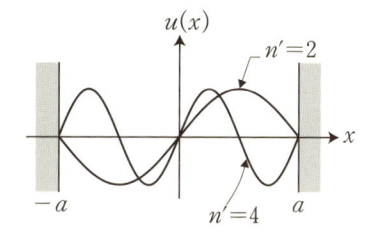

(a) $u(x) = A_1 \cos\left(\dfrac{n'\pi x}{2a}\right)$ (b) $u(x) = A_2 \sin\left(\dfrac{n'\pi x}{2a}\right)$

図7-4 ●エネルギー準位

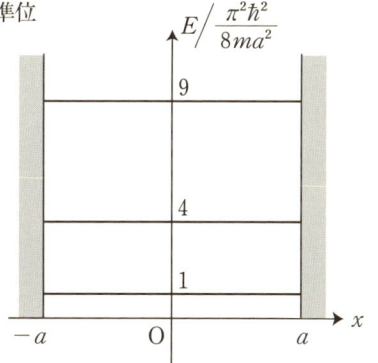

また，エネルギーは n' を使うと共通の式で書けて，

$$E = \frac{n'^2 \pi^2 \hbar^2}{8ma^2} \quad \cdots\cdots\text{(答)}$$

となる。この結果は，めでたく実習問題 2-1 と一致する！（$\hbar = h/2\pi$ とすればよい。）◆

　この問題の答えを導くだけなら，講義 2 の高校物理の方法の方が簡単である。しかし，われわれはすでに相当前進している。解の波動関数は，電子の形ではなく確率密度関数であることを知っているし，より難しい形のポテンシャルに対しても，方程式を解く準備ができているのである。

講義 LECTURE 08 シュレーディンガー方程式を解く2

　次のステップとして，ポテンシャルの障壁の高さが有限の場合のシュレーディンガー方程式を解いてみよう。

　この場合，きちんとした答えを出すのは，かなり難しくなる。その理由はきわめて単純なことである。ポテンシャルの障壁が無限に高いときには，波動関数の振幅は壁の位置で 0 であったから，粒子が存在できる幅(前講の問題でいえば $2a$)の中に，ぴったり整数個や半整数個の定常波が入っていた。しかし，ポテンシャルの高さが有限になると，波動関数は障壁の位置で 0 にならず，壁の中に「染み出す」のである。

　あまりよいたとえではないが，ヴァイオリンの弦の両端がしっかり固定されていればきれいな定常波ができるが，固定が少しゆるければ，解析しにくい中途半端な定常波になるだろう。それとよく似たことである。

　そこで，全体のイメージをつかむために，まず有限の高さの斥力ポテンシャルの障壁がある場合の，波動関数の形を定性的に分析しておくことにしよう。

　引力の場合，ポテンシャルが負になり，斥力の場合には正になることは，電磁気学におけるクーロン・ポテンシャルで見た通りである(『電磁気学ノート』講義 3 参照)。

　この場合，粒子は引力の井戸の中に囚われるのではなく，斥力ポテンシャルによってはじかれるから，一種の散乱の問題と考えることができる。

●トンネル効果

　図のような高さ V_0，幅 a の箱型ポテンシャルを考える。

図8-1●有限の高さの箱型斥力ポテンシャル

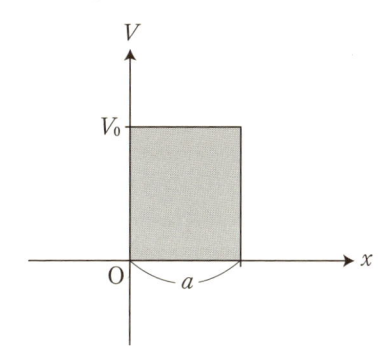

　このポテンシャルの左方から，ポテンシャルの障壁の高さ V_0 より小さな全エネルギー E をもつ粒子がやってきたとする。古典論では，この粒子はけっして高さ V_0 の障壁を越えることはできず，$x=0$ の壁のところで左方向にはじき返される——ちょうどボールが壁に弾性衝突するように。

　しかし，量子力学では，粒子は壁を通過することが可能になる。いわゆる**トンネル効果**である。

　その理由を簡単にいえば，粒子は波動として振る舞うからである。

　波動には，このように粒子とは違う面白い性質がある。光の屈折の法則では，臨界角より大きな角度で媒質の境界に入射した光は，全反射して他方の媒質にはまったく進まないはずであるが，境界面での媒質の幅を薄くしていくと，わずかながら光が「染み出して」くる。それを数学的にいえば，古典的には運動エネルギーが負になるような領域においても，波動方程式の解が存在するからである。

図8-2

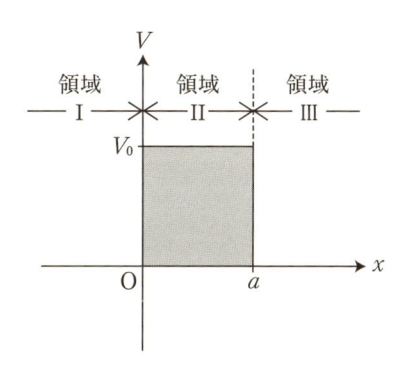

領域を図のようにⅠ，Ⅱ，Ⅲと分け，それぞれの領域でシュレーディンガー方程式を解いてみよう。

一般的にいえば，領域ⅠとⅢでは $V=0$ だから，シュレーディンガー方程式は，

$$-\frac{\hbar^2}{2m}\frac{d^2 u(x)}{dx^2} = Eu(x)$$

となり，$E>0$ だから，左辺の係数が負であることと整合性をたもつためには，解の形は，

$$e^{\pm ikx} \quad (k は正の実数)$$

でなくてはならない（あるいは sin, cos 型でもよい）。つまり，いわゆる正弦波の形をした振動型の波形である。

しかし，領域Ⅱでは，シュレーディンガー方程式は，

$$-\frac{\hbar^2}{2m}\frac{d^2 u(x)}{dx^2} + V_0 u(x) = Eu(x)$$

すなわち，移項して，

$$-\frac{\hbar^2}{2m}\frac{d^2 u(x)}{dx^2} = (E-V_0)u(x)$$

となり，$E-V_0$ は負だから，解の形は，

$$e^{\pm \mu x} \quad (\mu は正の実数)$$

となる。つまり，波形は振動型ではなく，急激に減衰するか，急激に発散する（力学で学んだ減衰振動を思い起こそう（『力学ノート』講義8）。

もう少し具体的に解の形を書けば，

$$領域Ⅰ : u_Ⅰ(x) = Ae^{ikx} + Be^{-ikx}$$

図8-3●入射波と反射波

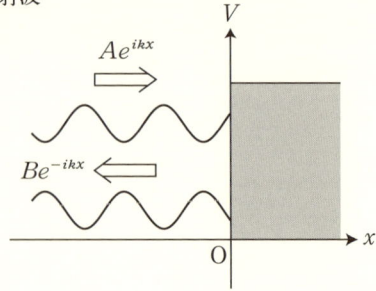

右辺の第1項は進行波，第2項は後退波に相当する。第2項の後退波は，左からきた波が障壁に当たって跳ね返った反射波だと考えればよい。

$$領域\mathrm{II}：u_\mathrm{II}(x) = Ce^{\mu x} + De^{-\mu x}$$

図8-4 減衰と発散

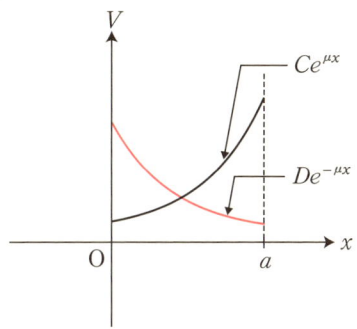

　右辺の第1項は，x が正の大きな値になると急激に発散していくから，もし障壁の厚さが非常に大きいと，その係数 C はほとんど 0 にならなければ現実的ではない。しかし，有限の厚さであるなら，この項を完全に 0 とするわけにもいかない。第2項は，x が正の大きな値になると急激に減衰するから，いわゆる「染み出し」のイメージにぴったりである。

　領域IIIでは，領域Iと同じ正弦波タイプの解となる。そして，この解こそが障壁から「染み出て」きた波なわけである。それゆえ，x の正方向に進む波はあっても，x の正の無限のかなたから負方向に進む後退波はないはずだから，

$$領域\mathrm{III}：u_\mathrm{III}(x) = Fe^{ikx}$$

としてよいだろう。

　もちろん，この解の係数 F の絶対値 $|F|$ は，$|A|$ に比べて小さいはずである。F や A は確率振幅であるから，

$$P = \frac{|F|^2}{|A|^2} \quad \left(あるいは，P = \frac{F^*F}{A^*A}\right)$$

が，この粒子が障壁を透過する確率を与えることになる。そして，左からやってきた波は，壁で反射されるか，透過するかのどちらかだから，

$$|A|^2 = |B|^2 + |F|^2$$

が成立するはずである。これらが確率そのものを与えるためには，波動関数を規格化しておく必要があるが，波動関数が無限につづく場合には，通常の規格化は意味をなさない。そこで，$|A|^2=1$ とし，入射波の全確率1に対して，反射する確率，透過する確率というふうにするのが現実的であろう。すなわち，上の解には，A から F までの5つの未知数があるが，$|A|^2=1$ とおくことによって，実質的な未知数は4つになる。

トンネル効果の定性的な説明はこれですべてである。

図8-5●トンネル効果

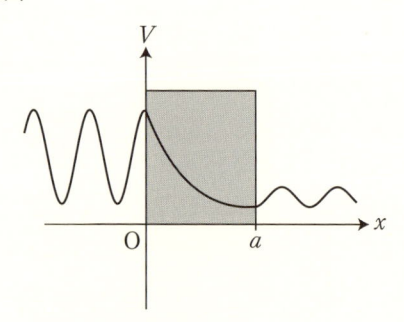

高校物理でも学んだ放射性崩壊の半減期は，このようなトンネル効果の結果として導くことができる。たとえば核力の井戸の中に囚われている $α$ 粒子が外に飛び出してくる確率は，ポテンシャルの障壁が高ければ少ないし，その幅が厚ければ少ないが，その具体的数値は，上の F に相当する確率振幅を求めることから計算されるのである。

●境界条件

それでは（$|A|=1$ として）B から F の4つの確率振幅はどのようにして決定されるのであろうか。これを具体的に解くのは，けっこう手間がかかる。しかし，それは煎じ詰めれば数学的テクニックにしかすぎない。ここでは，あらゆる場合に適用される方法だけを述べておこう。

その考え方は，非常に単純である。

一言でいうと，領域の境界面において，波動関数はなめらかにつながっていなければならないということである。これを境界条件というが，

それは次のように書けるであろう。

$x = 0$ において, $\begin{cases} u_{\mathrm{I}}(0) = u_{\mathrm{II}}(0) & \cdots\cdots ① \\ u_{\mathrm{I}}{}'(0) = u_{\mathrm{II}}{}'(0) & \cdots\cdots ② \end{cases}$

$x = a$ において, $\begin{cases} u_{\mathrm{II}}(a) = u_{\mathrm{III}}(a) & \cdots\cdots ③ \\ u_{\mathrm{II}}{}'(a) = u_{\mathrm{III}}{}'(a) & \cdots\cdots ④ \end{cases}$

式①と③は，それぞれの境界において，波動関数が連続的につながっているという条件である。式②と④における u' は，du/dx の略記であるが，なぜこの式が必要なのかを説明しよう。

微分係数が等しいということは，グラフの傾きが等しいということだから，イメージ的には，$x=0$ や $x=a$ において，波動関数が（とがったりしないで）なめらかにつながっているということである。これは直感的にはしごく当然のことであるが，数学的にも正しい。なぜなら，シュレーディンガー方程式は，位置 x の 2 階微分方程式だからである。つまり，もし $x=0$ や $x=a$ で波動関数 u の微分係数が不連続なら，それをもう 1 回 x で微分することができないからである（不連続なものの傾きなど出しようがない）。

以上のようなことで，境界条件が 4 つ得られたが，求める未知数は B, C, D, F の 4 つだから，理屈の上からは，確率振幅 B, C, D, F は求まるということになる。ただし，すでに述べたように，じっさいの計算は面倒である。

それでは，次の問題で，もう少しだけ具体的な計算もやってみることにしよう。典型的な井戸型ポテンシャルの問題である。

演習問題 8-1　有限の深さの井戸型ポテンシャル

次のような1次元のポテンシャル V がある。

図8-6 ● 有限の深さの井戸型ポテンシャル

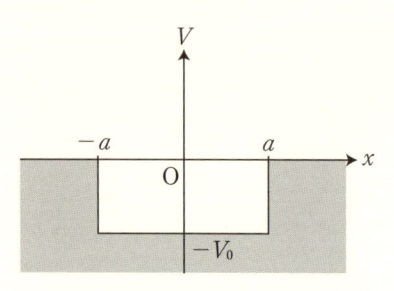

$-a < x < a$ では，$V = -V_0$　（$V_0 > 0$）
$x \leq -a$ および $a \leq x$ では，$V = 0$

このポテンシャルの井戸に質量 m の1個の粒子が囚われ，定常状態にある。粒子がポテンシャルの井戸に囚われているということは，粒子のもつ全エネルギーが負であることを意味する（それゆえ古典的には，ちょうど万有引力に囚われて地球を巡る人工衛星のように，粒子は井戸の外に出てくることはできない）。

この粒子がとりうる波動関数 $u(x)$ の概略図を描け。

（確率振幅の具体的な値までは求めなくてよい。また，境界条件やエネルギー準位については，実習問題で扱う。）

解答&解説　この問題は，シュレーディンガー方程式の初歩的例題として，たいていのテキストに取り上げられているものだが，計算過程だけを追うような解き方はまったくおすすめできない。イメージをしっかり描き，計算はできるだけ単純化するのが好ましい。そのイメージとは，上述の斥力ポテンシャルの場合とまったく同じである。

やみくもに未知数を増やすことを避けるため，ポテンシャルが x の正方向と負方向で対称的であることも考慮しよう。

図8-7 ● 有限の深さの井戸型ポテンシャル

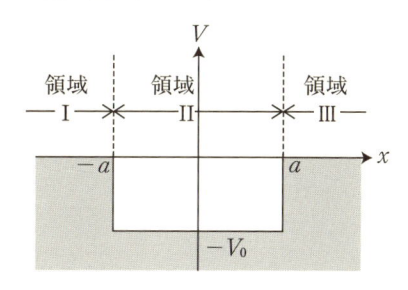

領域を次のように分ける。

領域Ⅰ：$x \leqq -a$

領域Ⅱ：$-a < x < a$

領域Ⅲ：$a \leqq x$

まず，領域Ⅱの解から求めよう。この領域でのシュレーディンガー方程式は，

$$-\frac{\hbar^2}{2m}\frac{d^2 u(x)}{dx^2} + (-V_0)u(x) = Eu(x)$$

である。移項して，

$$-\frac{\hbar^2}{2m}\frac{d^2 u(x)}{dx^2} = (V_0 + E)u(x)$$

ここで，右辺の係数，$V_0 + E$ は正である（E は負であるが，問題の設定から明らかに $V_0 > |E|$ である。ポテンシャルの図で確かめられよ）。

そこで，この方程式の解は e^{ikx}，あるいは sin, cos の振動型となる。

蛇足ながら，この領域では古典的にも粒子が存在でき，そのような領域では波動関数は振動型になることは，すでに見た通りである。

1つの特殊解を，

$$u = e^{ikx} \quad (k は正の実数)$$

とおき，方程式に代入すると，

$$-\frac{\hbar^2}{2m} \cdot (-k^2) u = (V_0 + E)u$$

となるから，

$$\frac{\hbar^2 k^2}{2m} = V_0 + E$$

すなわち,

$$k = \frac{\sqrt{2m(V_0+E)}}{\hbar}$$

である。e^{-ikx} もまた1つの特殊解であるから，一般解は,

$$u_{\mathrm{II}}(x) = Ae^{ikx} + Be^{-ikx}$$

と書ける。右辺の第1項は進行波，第2項は後退波である。これは，井戸の中で波動が，壁で反射されて往ったり来たりしている様子を表している。そこで，対称性を考慮すれば，このとき進行波と後退波はまったく対等であるから，確率振幅 A と B が異なる理由は何もない。よって，

$$A = B$$

としたくなるのであるが，ちょっと待った！

われわれがじっさいに観測するのは，振幅ではなく確率である。すなわち，$A^*A(=|A|^2)$ であり $B^*B(=|B|^2)$ である。よって,

$$A^*A = B^*B$$

を対称性の条件にしなければならない。

これは，次のように考えればより明快である。

もし，$A=B$ だけが許されるとすると,

$$u = A(e^{ikx} + e^{-ikx}) = 2A\cos kx$$

となり，cos 型の解しか現れない。しかし，弦の振動によってできる定常波では，図のように cos 型も sin 型も解である。

図8-8● cos 型も sin 型も解でありうるはず。

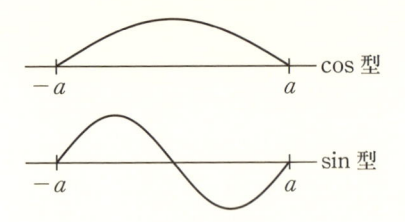

図8-9● 波は時間的に振動している。

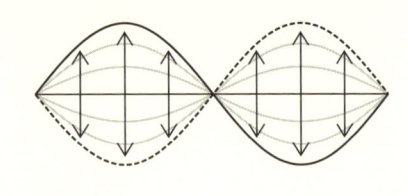

sin 型は，ある瞬間の波形だけを見ると左右対称になっていない(いわゆる奇関数である)。しかし，この定常波は，時間的に振動しているのだということを忘れては

ならない。sin 型に時間振動の様子を考慮すれば，図は右のようになるだろう。

　こうなれば，めでたく左右対称である。広義のシュレーディンガー方程式の解には，
$$f(t) = e^{i\omega t}$$
という時間項がついていたことを思い出して頂きたい。波動関数はつねに時間的に振動しているのである。われわれがいま解いている解は，
$$\psi(x, t) = f(t)u(x)$$
の $u(x)$ の部分である。

　そこで，
$$A^*A = B^*B$$
であるためには，
$$A = B \text{ または } A = -B$$
であればよいことが分かる（各自確かめられよ）。

　そういうわけで，領域Ⅱの波動関数は，
$$u_\text{Ⅱ} = A(e^{ikx} + e^{-ikx})$$
または，
$$u_\text{Ⅱ} = A(e^{ikx} - e^{-ikx})$$
となるが，最終的に規格化されるということを考慮すれば，A は任意の定数でよい。ここでは，式をシンプルな形にするため，$A=1/2$ とおいておこう。

　こうしておいて，上の結果を sin と cos に直しておく（そうすると，図形的にもイメージしやすい）。
$$e^{ikx} + e^{-ikx} = 2\cos kx$$
$$e^{ikx} - e^{-ikx} = 2i\sin kx$$
だから，けっきょく，
$$u_\text{Ⅱ} = \cos kx$$
または，
$$u_\text{Ⅱ} = \sin kx$$
となる。sin 型の係数の i も，$e^{i\frac{\pi}{2}}$ という位相因子にすぎないから，省略してある（$i=e^{i\frac{\pi}{2}}$ がぴんとこない場合は，『力学ノート』付録「やさしい数学の手引き」を復習

のこと）。われわれが日常目にする波動と異なり，量子力学における波動関数は複素数であることを再確認しておこう。そして，われわれがじっさいに観測する物理量は実数であるから，複素数の位相の部分にはつねに任意性がつきまとうのである。すなわち，ψ がシュレーディンガー方程式の解であるとき，任意の実数を θ として，$e^{i\theta}\psi$ もまた，同じ方程式の解である。

領域 I と領域 III のシュレーディンガー方程式は，まったく同じである。すなわち，

$$-\frac{\hbar^2}{2m}\frac{d^2 u(x)}{dx^2} = Eu(x)$$

粒子のもつエネルギー E は負だから，左辺の係数の負とキャンセルして，この方程式の解は，実数の指数関数型になる。すなわち，その特殊解は μ を実数として，

$$e^{\mu x}$$

の形をしている。これを方程式に代入すれば，

$$-\frac{\hbar^2}{2m}\cdot \mu^2 u = Eu$$

となるから，

$$\mu = \pm\frac{\sqrt{-2mE}}{\hbar} \quad (E は負だから，ルートの中は正である。)$$

あるいは，μ を正の実数としておいて，一般解は，

$$u(x) = Ce^{\mu x} + De^{-\mu x}$$

である。この解は，発散型と減衰型の和であるが，$|x| \to \infty$ で波動関数が発散しては困るから，おのずと，

$$u_{\mathrm{II}}(x) = Ce^{\mu x}$$
$$u_{\mathrm{III}}(x) = De^{-\mu x}$$

となろう（I の解では x が負だから，μx は負になる。念のため）。

後は，境界条件を使って C, D の値を決めることと，エネルギー準位を求めることが残された問題であるが，これについては実習問題で検討することにしよう。

ただし，対称性から，$|C|^2 = |D|^2$ は明らかである。また，図を描けば一目瞭然だが，$C = D$ となるのは $\cos kx$ 型の場合で，$C = -D$ となる

のは sin kx 型の場合である。けっきょく，波動関数の概略は次図のようになるだろう（cos 型，sin 型，それぞれ 2 つずつしか描いていないが，条件次第でもっと多くの形（モード）が現れる）。

図8-10●ポテンシャルの深さが有限のときには，波動関数は壁に「染み込む」。

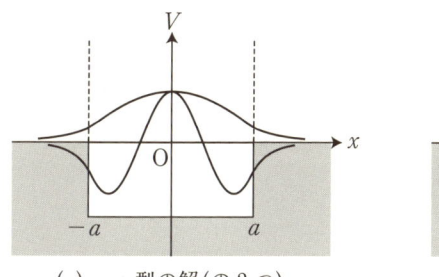

(a) cos 型の解（の 2 つ） 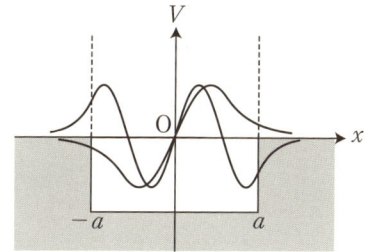　　(b) sin 型の解（の 2 つ）

●量子力学を創った人々

シュレーディンガー(1887-1961)

> **境界条件を使ってエネルギー準位を求める**
>
> **実習問題 8-1**
> 演習問題 8-1 の結果に境界条件を適用し，エネルギー準位と確率振幅 C(と D) を求める方法を示せ。
> （解析的に答えを出すのは困難である。もし，数値計算の問題として与えられていれば，どういう手順でおこなうかという方針が立てばよい。）

解答&解説 演習問題 8-1 の結果を，もう一度まとめておくと，

$$\cos 型 の 解 : \begin{cases} u_{\mathrm{II}}(x) = \cos kx \\ u_{\mathrm{I}}(x) = Ce^{\mu x} \\ u_{\mathrm{III}}(x) = Ce^{-\mu x} \end{cases}$$

$$\sin 型 の 解 : \begin{cases} u_{\mathrm{II}}(x) = \sin kx \\ u_{\mathrm{I}}(x) = -Ce^{\mu x} \\ u_{\mathrm{III}}(x) = Ce^{-\mu x} \end{cases}$$

$$k = \frac{\sqrt{2m(V_0+E)}}{\hbar} \quad \cdots\cdots ①$$

$$\mu = \frac{\sqrt{-2mE}}{\hbar} \quad \cdots\cdots ②$$

である（未知数は C, k, μ, E の 4 つであるが，すでに上の式①，②の 2 つの式があるから，あと 2 つ条件式が作れればよい）。

さて，境界条件は，$x = \pm a$ で，波動関数が連続であること，またなめらかにつながっていること（微分した導関数が連続であること）であるから，たとえば，$x = a$ において，

$$u_{\mathrm{II}}(a) = u_{\mathrm{III}}(a)$$

$$\frac{\mathrm{d}u_{\mathrm{II}}(a)}{\mathrm{d}x} = \frac{\mathrm{d}u_{\mathrm{III}}(a)}{\mathrm{d}x}$$

である。cos 型の解に，この条件を適用すると，

$$\cos ka = Ce^{-\mu a} \quad \cdots\cdots ③$$

$$-k \sin ka = \boxed{\text{(a)}} \quad \cdots\cdots ④$$

となり，めでたく 4 つの未知数を求めるための 4 つの式が出そろった。

$x=-a$ における境界条件からも，(対称性から当然ではあるが) 同じ式が出てくる。

後は，連立方程式を解くテクニックにすぎない。量子力学とは関係のない話である。しかし，例題としてしばしば登場するので，1つの解法を示しておこう。

とりあえず，式④÷式③とすると，すっきりしそうである。
$$k \tan ka = \mu \quad \cdots\cdots ⑤$$

sin 型の解も，同様にやってみよう。$x=a$ における境界条件は，
$$\sin ka = Ce^{-\mu a} \quad \cdots\cdots ③'$$
$$k \cos ka = -\mu Ce^{-\mu a} \quad \cdots\cdots ④'$$

式④'÷式③'として，
$$k \cot ka = \boxed{\text{(b)}} \quad \cdots\cdots ⑤'$$

式⑤，⑤' は，k と μ の式だから，式①，②から k と μ の式を作ることにする。これは簡単で，それぞれ2乗すると，
$$k^2 = \frac{2m(V_0+E)}{\hbar^2}$$
$$\mu^2 = \frac{-2mE}{\hbar^2}$$

だから，E を消去して，
$$k^2 + \mu^2 = \boxed{\text{(c)}} \quad \cdots\cdots ⑥$$

式⑤(⑤') と式⑥の連立方程式は，すんなりとは解けないが，パソコンで数値計算するなら，式⑥から μ を k で表し，それを式⑤にぶちこんで，力まかせにやればよいだろう。ここでは，よく使われるグラフによる解法を示しておこう。

本質的なことではないが，tan などのグラフを描きやすくするために，
$$ka = X$$

(a) $-\mu Ce^{-\mu a}$ (b) $-\mu$ (c) $\dfrac{2mV_0}{\hbar^2}$

$$\mu a = Y$$

という置き換えをしておく。その上で，もう一度，解くべき方程式を書くと，

cos 型の場合：$\begin{cases} X \tan X = Y & \cdots\cdots ⑦ \\ X^2 + Y^2 = \dfrac{2mV_0 a^2}{\hbar^2} & \cdots\cdots ⑧ \end{cases}$

sin 型の場合：$\begin{cases} X \cot X = -Y & \cdots\cdots ⑦' \\ X^2 + Y^2 = \dfrac{2mV_0 a^2}{\hbar^2} & \cdots\cdots ⑧' \end{cases}$

式⑦のグラフは，$Y = \tan X$ のグラフに X をかけたものだから，おおよそ次図のようになる。式⑧は円で，その半径は $V_0 a^2$ の値によって変わる。つまり，ポテンシャルの深さと幅に関係する関数である。

図8-11 ● cos 型の解を求めるグラフ。グラフの交点の座標を読み取れば，k と μ が求まる。

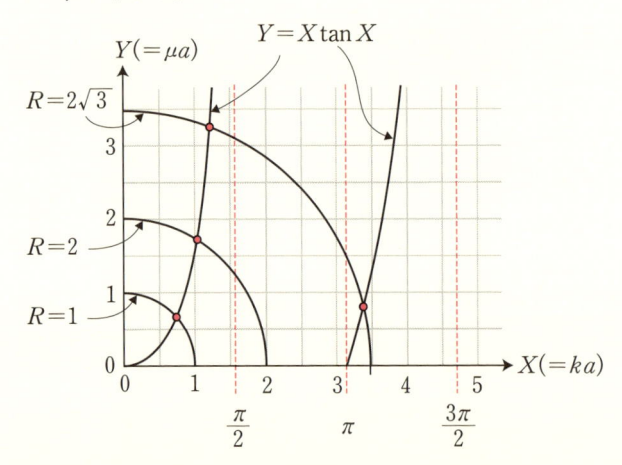

図は，式⑧の円の半径 $R(=\sqrt{2mV_0 a^2}/\hbar)$ が，それぞれ，$1, 2, 2\sqrt{3}$ の3つの場合について描いてある。この半径は，もちろん $V_0 a^2$ の値に応じて連続的に変わる。式⑦のグラフと式⑧のグラフの交点が解であることは，いうまでもない。

この交点の座標 X, Y を読み取れば，そこから k と μ の値が求まる。そして，それはエネルギー準位 E が決まるということでもある。さらに，式③から，

$$C = \frac{\cos ka}{e^{-\mu a}}$$

によって，確率振幅 C が求まる。

定量的な波動関数の値を決めるには，これらの作業を具体的におこなわないといけないが，本書の読者の方々には，その考え方さえ理解して頂ければ十分であろう。

重要なことは，この解の個数が離散的である点である。ポテンシャルによって束縛された粒子のエネルギー準位が離散的になることは，すでに簡単な例で見てきたが，それがこの場合にも起こっている。

$$\frac{\sqrt{2mV_0 a^2}}{\hbar} = n\pi \quad (n = 1, 2, 3, \cdots)$$

を境にして，解の個数が1個から1つずつ増えていくことを，グラフで確かめて頂きたい。$V_0 a^2$ の値が大きくなれば(ポテンシャルが深くなり，幅も広くなれば)，どんどんたくさんのエネルギー準位が現れることが分かるだろう。

sin 型の解，すなわち式⑦′と式⑧のグラフは，次図のようである。

図8-12 ● sin 型の解を求めるグラフ。

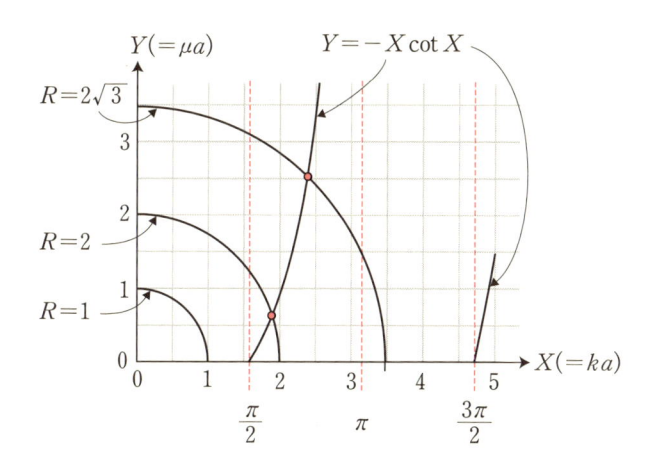

この場合は，

$$\frac{\sqrt{2mV_0 a^2}}{\hbar} = \left(n - \frac{1}{2}\right)\pi \quad (n = 1, 2, 3, \cdots)$$

を境にして，解の個数は 0 個から 1 つずつ増えていく．

けっきょく，全体として，エネルギー準位の個数は，$\sqrt{2mV_0 a^2}/\hbar$ の値が，0 から $\pi/2$ ずつ増えるにしたがって，$1, 2, 3, \cdots$ 個と 1 つずつ増えることが分かる．

解の個数と波動関数の形の関係も，簡単なことながら，きちんとイメージしておこう．

V_0 を無限大にすると(無限に高い障壁の場合)，$X(=ka) = \pi/2$ が最初の解 (cos 型) になるが，このとき，

$$u_{\mathrm{II}}(x) = \cos \frac{\pi x}{2a}$$

である．

また，$\sqrt{2mV_0 a^2}/\hbar (=R)$ が $\pi/2$ より小さい場合には，$2a$ の幅の中に cos の山 1 つだけができる解しか存在しない (図(a))．

次に $\sqrt{2mV_0 a^2}/\hbar$ が $\pi/2$ と π の間では，さらに sin 型の解が加わる (図(b))．

さらに，$\sqrt{2mV_0 a^2}/\hbar$ が π になると，cos 型の 2 つ目の解が現れ，図(c) のようになる．

図8-13 ● 3 つの図とも V_0 と a の値を同じに描いているが，じっさいには，R が大きくなると $\sqrt{V_0} a$ が大きくなる．

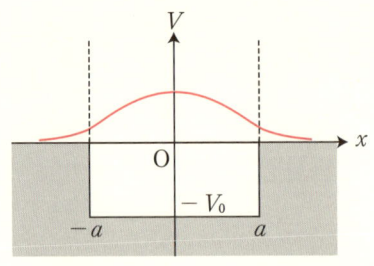

(a) R が $\dfrac{\pi}{2}$ より小さいときは，山 1 つの cos 型だけが解．

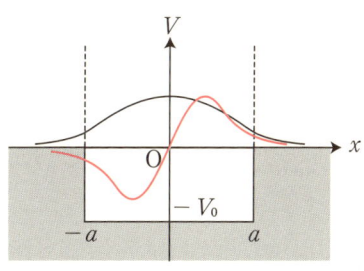

(b) $\dfrac{\pi}{2}<R<\pi$ では，山谷1つずつの sin 型が加わる。

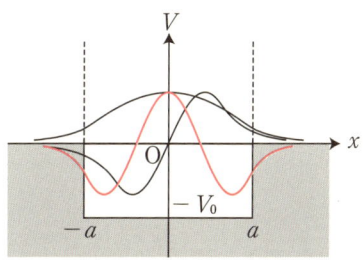

(c) $\pi<R<\dfrac{3}{2}\pi$ では，次の cos 型が加わる。

◆

　計算自体はややこしいが，その図形的イメージはきわめてシンプルであることを納得して頂けただろうか。本講の冒頭でも述べたことだが，壁の位置で波動関数が0にならず，壁の中に「染み込んで」いることが，計算を複雑にさせているのである。

LECTURE 09 水素原子1
——角 φ 方向の解——

● 3次元のシュレーディンガー方程式

　1次元のシュレーディンガー方程式に慣れてきたところで，いよいよ3次元のシュレーディンガー方程式の説明に移ることにしよう。

　1次元のシュレーディンガー方程式(時間項を含まない波動関数 $u(x)$)

$$-\frac{\hbar^2}{2m}\frac{\mathrm{d}^2 u(x)}{\mathrm{d}x^2} + V(x)u(x) = Eu(x)$$

の形を3次元に拡張するのは，形式的なことで簡単である。

$$u(x) \to u(x, y, z)$$
$$V(x) \to V(x, y, z)$$

の操作は当然として，2階微分の項は，

$$\frac{\mathrm{d}^2 u(x)}{\mathrm{d}x^2} \to \frac{\partial^2 u(x,y,z)}{\partial x^2} + \frac{\partial^2 u(x,y,z)}{\partial y^2} + \frac{\partial^2 u(x,y,z)}{\partial z^2}$$

とすればよいだろう(蛇足ながら，d が偏微分 ∂ になるのは，u を決める変数が x, y, z の3つになる，それだけの理由である)。

　ところで，上の2階偏微分は，電磁気学ですでにおなじみである(『電磁気学ノート』付録1「ベクトル解析」参照)。それは，ラプラシアンと呼ばれるもので，

$$\frac{\partial^2 u(x,y,z)}{\partial x^2} + \frac{\partial^2 u(x,y,z)}{\partial y^2} + \frac{\partial^2 u(x,y,z)}{\partial z^2}$$

を，簡略化して，

$$\nabla^2 u$$

と書くのであった。

さらにいえば，
$$\nabla^2 u = \nabla\cdot(\nabla u) = \mathrm{div}(\mathrm{grad}\,u)$$
であり，div と grad には，明確な物理的意味がある。

そこで，このラプラシアンを使って3次元のシュレーディンガー方程式を表記するなら（変数 x, y, z は煩雑なので省略して），

$$-\frac{\hbar^2}{2m}\nabla^2 u + Vu = Eu$$

となる。

読者の方々に時間的余裕があるなら，この3次元シュレーディンガー方程式を，無限に高い障壁ポテンシャルや，有限の高さのポテンシャルについて解くということをやって頂くとよいのだが（それは自主性におまかせするとして），本書ではすぐさま，もっとも知りたい具体例に適用してみることにしよう。

●水素原子

それは，いうまでもなく水素原子である。

われわれの日常的世界は，原子を最小単位とし，それらがさまざまな化学反応を起こす結果としてある。衣食住のあらゆる場面で登場する物質や現象は，生命活動も含めて，そのほとんどが化学反応で説明できる（核エネルギーによる例外的現象もあるが）。そして，そのもっとも単純な形態として存在するのが，水素原子である。だから，化学反応の量子力学的理解の第一歩は，水素原子の構造を理解することからはじまるのである。もう少し正確にいえば，水素原子を構成している1個の電子の振る舞いである。

水素原子の化学的性質は，この1個の電子の振る舞いによって決定されるが，それはまさに電子の波動関数を求めることに他ならない。

水素原子は1個の陽子と1個の電子からなる2粒子系であるから，厳密に陽子と電子の波動関数を求めようとすると，少々やっかいなことになる（とはいえ，2粒子系として厳密に解くことは可能である）。

しかし，幸いなことに，陽子は電子の約1840倍の質量をもっているので，原子の中央にどっしりと落ち着き，電子から受ける力による動きは小さい。ちょうど，地球の公転軌道を求めるのに，太陽は中心に固定されているとみなしてよいのと同じように，陽子は固定されており，電子だけが動いているとみなすことにしよう。

　そうすると，電子は陽子が作る球対称なクーロン・ポテンシャルに束縛された状態とみなせるから，シュレーディンガー方程式は簡単に書き下すことができる。

図9-1●球対称なクーロン・ポテンシャル

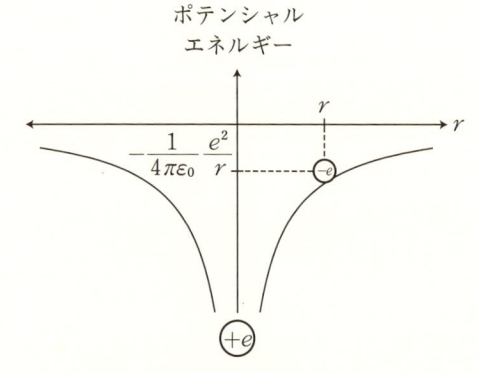

　電子の電荷を $-e$（それゆえ陽子の電荷は $+e$）とすると，陽子からの距離を r として，電子のもつポテンシャル・エネルギーは，

$$V = -\frac{1}{4\pi\varepsilon_0}\frac{e^2}{r}$$

である。ε_0 は電磁気学でおなじみの真空の誘電率である（『電磁気学ノート』講義2参照）。

　よって，電子の質量を m として，シュレーディンガー方程式は，

$$-\frac{\hbar^2}{2m}\nabla^2 u + \left(-\frac{1}{4\pi\varepsilon_0}\frac{e^2}{r}\right)u = Eu$$

となる。ここで波動関数 u は，これまで同様，時間を含まない，いわゆる「波の形」である。

　これを具体的にどう解くかについては，物理的直感が必要である。

　というのも，上の方程式において変数が x, y, z だからといって，$r =$

$\sqrt{x^2+y^2+z^2}$ として強引に推し進めていって，果たして戦果が得られるだろうか？というセンスの問題である。

ポテンシャルは球対称であり，電子が「雲のように」拡がっているのだとすれば，安定な状態において，電子の分布は球対称になるであろうことは，容易に推測される。

図9-2●無重力空間に浮かんだ水滴の振動

つまり，直感的イメージとしては，無重力状態の空間に浮かんでいる球形の水滴を思い浮かべればよい。この水滴にエネルギーを与えて振動させたとき，どのような波形が生じるか——というようなことを，われわれはやろうとしているのである。水滴は2次元球面だが，電子の波動関数は3次元という違いはあるが。

●ステップ1　シュレーディンガー方程式を球座標で表す

そこで，そのような球対称な運動を扱うのに，デカルト座標 x, y, z でははなはだ不便であろうということになる。とるべき座標系は，当然，球座標 (r, θ, φ) である(球座標については，付録2参照)。

図9-3●デカルト座標 (x, y, z) より球座標 (r, θ, φ) の方が便利

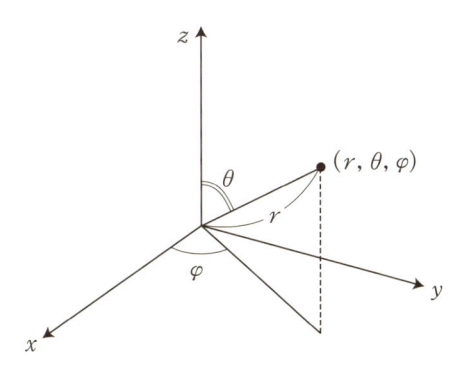

それゆえ,最初にやるべきことは,ラプラシアン ∇^2 を球座標で表すという作業である。これは数学的操作だということで,ほとんどのテキストは天下りで与えているが,初心者にとっては,こういう量子力学の本質とは関係のないところで,往々挫折を味わってしまうものである。本書では,付録「やさしい数学の手引き」において,grad や div の具体的意味を復習しながら,直感的に求める方法を示しておいた。はじめての方は,ぜひ目を通して頂きたい。

結果は次の通りである。

$$\nabla^2 u = \frac{1}{r^2}\frac{\partial}{\partial r}\left(r^2\frac{\partial u}{\partial r}\right) + \frac{1}{r^2 \sin\theta}\frac{\partial}{\partial \theta}\left(\sin\theta\,\frac{\partial u}{\partial \theta}\right) + \frac{1}{r^2 \sin^2\theta}\frac{\partial^2 u}{\partial \varphi^2}$$

複雑な式ではあるが,導き方はきわめて単純であることを,くどいようだが強調しておく。

ポテンシャル・エネルギー V は,もちろん座標 r だけの関数であるから,けっきょく,シュレーディンガー方程式は,次のようになるだろう。

$$-\frac{\hbar^2}{2m}\left[\frac{1}{r^2}\frac{\partial}{\partial r}\left(r^2\frac{\partial u}{\partial r}\right) + \frac{1}{r^2 \sin\theta}\frac{\partial}{\partial \theta}\left(\sin\theta\,\frac{\partial u}{\partial \theta}\right) + \frac{1}{r^2\sin^2\theta}\frac{\partial^2 u}{\partial \varphi^2}\right] - \frac{1}{4\pi\varepsilon_0}\frac{e^2}{r}u = Eu$$

●ステップ2　波動関数を動径方向 r と角度方向 θ, φ に変数分離する

すでに講義7で,われわれは波動関数を空間 x と時間 t に変数分離した。定常状態にある「素性のよい」波動は,たいてい変数分離できるのである。球対称なポテンシャルでの1個の電子の運動は,その動径方向 r と角度方向 θ, φ で独立に振る舞うことは,直感的にも予測できるであろう。そこで,波動関数 u を次のようにおいてみよう。

$$u(r, \theta, \varphi) = R(r)Y(\theta, \varphi)$$

θ と φ もまた変数分離できるのではないかと,思われるであろう。その通りである。しかし,ここでは一歩一歩進むことにしよう。

しかし,それにしても,数式だけを追っていっても,どのような波動関数が生じて

いるのかをイメージすることは至難である。それゆえ，先走りして結果を知りたい方は，まず図 9-4，図 10-6，図 11-7 (131，145，163 ページ) などを見て，イメージして頂くのも一興であろう。

r 方向には波打つ波動が，θ 方向には膨れたり縮んだり，風船のような波動が，そして φ 方向には講義 2 で見たような円周の中に整数個が入った波動が生じているのが分かるだろう。正しい解に行き着くには，複雑な計算が必要なのだが，百聞は一見にしかず。直感的イメージだけなら，図を見ればよい。そして，大事なことは，1 個の電子がこのように確率分布していることの不思議さ (あるいは，なるほどと納得するか)，面白さを感じることである。

演習問題 9-1　動径方向と角度方向の波動方程式を作る

$$u(r,\theta,\varphi) = R(r)Y(\theta,\varphi)$$

をシュレーディンガー方程式に代入し，R と Y に関する 2 つの方程式を導け。

係数にはこだわらず，数学的に同値な方程式が作れればよい。

解答 & 解説　複雑ではあるが，一本道である。受験勉強で苦労した面倒な計算に比べれば，さほどのことはないだろう。とりあえず，直接シュレーディンガー方程式に代入してみよう。

$$-\frac{\hbar^2}{2m}\left[\frac{1}{r^2}\frac{\partial}{\partial r}\left(r^2\frac{\partial RY}{\partial r}\right) + \frac{1}{r^2\sin\theta}\frac{\partial}{\partial \theta}\left(\sin\theta\frac{\partial RY}{\partial \theta}\right)\right.$$
$$\left.+ \frac{1}{r^2\sin^2\theta}\frac{\partial^2 RY}{\partial \varphi^2}\right] - \frac{1}{4\pi\varepsilon_0}\frac{e^2}{r}RY = ERY$$

ここで，r の偏微分では Y を，θ と φ の偏微分では R をくくり出せることはいうまでもない (Y には r は含まれず，R には θ と φ が含まれないのだから)。そこで，式全体を RY で割ってみる (ついでに，どちらでもよいことだが，$-\hbar^2/2m$ でも割っておく。また右辺の E の項も左辺にもってきておく)。

$$\frac{1}{R}\frac{1}{r^2}\frac{\partial}{\partial r}\left(r^2\frac{\partial R}{\partial r}\right) + \frac{1}{Y}\frac{1}{r^2\sin\theta}\frac{\partial}{\partial \theta}\left(\sin\theta\frac{\partial Y}{\partial \theta}\right)$$
$$+ \frac{1}{Y}\frac{1}{r^2\sin^2\theta}\frac{\partial^2 Y}{\partial \varphi^2} + \frac{2m}{\hbar^2}\left(\frac{1}{4\pi\varepsilon_0}\frac{e^2}{r} + E\right) = 0$$

この式をじっとにらむと，左辺の第1項や最後の項には，角 θ と φ がないことが分かる。それに対して，第2項と第3項は，θ, φ の項であるが，分母に r^2 が入っている。そこで，全体を r^2 倍すれば，第2項と第3項から r を消すことができるだろう。すなわち，

$$\frac{1}{R}\frac{\partial}{\partial r}\left(r^2\frac{\partial R}{\partial r}\right)+\frac{1}{Y}\frac{1}{\sin\theta}\frac{\partial}{\partial\theta}\left(\sin\theta\frac{\partial Y}{\partial\theta}\right)+\frac{1}{Y}\frac{1}{\sin^2\theta}\frac{\partial^2 Y}{\partial\varphi^2}$$
$$+\frac{2mr^2}{\hbar^2}\left(\frac{1}{4\pi\varepsilon_0}\frac{e^2}{r}+E\right)=0$$

　こうして，式全体を，r だけを含む項と，θ, φ だけを含む項に分離できた。この方程式のいっていることは，左辺が，r, θ, φ の値にかかわらずつねに 0 でなくてはならないということだが，そうであるためには，r だけの項がある定数(何でもよいが，たとえば λ)であり，θ と φ の項が定数 $-\lambda$ でなくてはならない。

　たとえば，θ, φ の項は一定であるとして，r の項が変化して λ 以外の値になるのなら，左辺はそのとき 0 にはならない(逆も同様)。もちろん，r の項の変化に応じて θ, φ の項が変化し，足して 0 ということもあるかもしれないが，そのときには，r と θ, φ の間には一定の関係がなくてはならない。r, θ, φ はいうまでもなく，独立な変数であるから，左辺をつねに 0 にするには，上に述べたようなこと以外はありえない(これは講義7(92ページ)の x と t の変数分離で見たこととまったく同様である)。

　そこで，われわれは次の2つの方程式を得ることになる。

$$\frac{1}{R}\frac{\mathrm{d}}{\mathrm{d}r}\left(r^2\frac{\mathrm{d}R}{\mathrm{d}r}\right)+\frac{2mr^2}{\hbar^2}\left(\frac{1}{4\pi\varepsilon_0}\frac{e^2}{r}+E\right)=\lambda$$

　変数は，r 1つだけになったので，偏微分をふつうの微分に変えておくことを忘れないように。このままでもよいが，もう少しまとめて，全体に R をかけ，左辺にまとめておくと，次のようになる。

$$\frac{\mathrm{d}}{\mathrm{d}r}\left(r^2\frac{\mathrm{d}R}{\mathrm{d}r}\right)+\left[\frac{2mr^2}{\hbar^2}\left(\frac{1}{4\pi\varepsilon_0}\frac{e^2}{r}+E\right)-\lambda\right]R=0 \quad \cdots\cdots① \quad (答)$$

θ, φ の方は，

$$\frac{1}{Y}\frac{1}{\sin\theta}\frac{\partial}{\partial\theta}\left(\sin\theta\frac{\partial Y}{\partial\theta}\right)+\frac{1}{Y}\frac{1}{\sin^2\theta}\frac{\partial^2 Y}{\partial\varphi^2}=-\lambda$$

　これも，全体に $Y\sin^2\theta$ をかけて，左辺にまとめれば，

$$\sin\theta\frac{\partial}{\partial\theta}\left(\sin\theta\frac{\partial Y}{\partial\theta}\right)+\frac{\partial^2 Y}{\partial\varphi^2}+\lambda\sin^2\theta\ Y=0 \quad \cdots\cdots ② \quad (答) \quad \blacklozenge$$

それでは，次に進もう。

●ステップ 3　Y をさらに θ と φ に変数分離する

> **演習問題 9-2**
>
> $$Y(\theta,\varphi) = \Theta(\theta)\Phi(\varphi)$$
>
> とおき，Θ と Φ に関する 2 つの微分方程式を導け。

解答&解説 式②に，$Y=\Theta\Phi$ を代入すると，

$$\sin\theta\frac{\partial}{\partial\theta}\left(\sin\theta\frac{\partial\Theta\Phi}{\partial\theta}\right)+\frac{\partial^2\Theta\Phi}{\partial\varphi^2}+\lambda\sin^2\theta\ \Theta\Phi=0$$

演習問題 9-1 と同様，$\Theta\Phi$ で割り算すると，

$$\frac{1}{\Theta}\sin\theta\frac{\partial}{\partial\theta}\left(\sin\theta\frac{\partial\Theta}{\partial\theta}\right)+\frac{1}{\Phi}\frac{\partial^2\Phi}{\partial\varphi^2}+\lambda\sin^2\theta=0$$

めでたく θ と φ を分離できたので，θ の項を定数 ν，φ の項を定数 $-\nu$ とおけば，

$$\frac{1}{\Theta}\sin\theta\frac{\mathrm{d}}{\mathrm{d}\theta}\left(\sin\theta\frac{\mathrm{d}\Theta}{\mathrm{d}\theta}\right)+\lambda\sin^2\theta=\nu$$

このままでもよいが，少し整理して，

$$\sin\theta\frac{\mathrm{d}}{\mathrm{d}\theta}\left(\sin\theta\frac{\mathrm{d}\Theta}{\mathrm{d}\theta}\right)+(\lambda\sin^2\theta-\nu)\Theta=0 \quad \cdots\cdots ③ \quad (答)$$

φ の式は，

$$\frac{1}{\Phi}\frac{\mathrm{d}^2\Phi}{\mathrm{d}\varphi^2}=-\nu$$

となるから，これも整理して，

$$\frac{\mathrm{d}^2\Phi}{\mathrm{d}\varphi^2}+\nu\Phi=0 \quad \cdots\cdots ④ \quad (答) \quad \blacklozenge$$

けっきょく，式①，③，④ が，解くべき方程式である。このうち，式 ④ は簡単に解けるが，式①，③ は見るからにやっかいである。量子力学のテキストのほとんどは，式①，③ を真っ正面からは解かず，その結果

だけを紹介している(本書では，特別なケースを直感的な方法で解き，一般的な解については結果だけを紹介する。詳しく知りたい方は，物理数学の分厚いテキストを物色されるとよいだろう)。というのも，それらは微分方程式としては相当の代物で，解法の解説だけで多くの紙幅を要するからである。しかもそれは，純粋に数学の問題である。じっさい，これらの方程式の解は，19世紀中に，すでに詳しく研究されていたということは知っておいてよい。つまり，式①，③のややこしさは，量子力学とは何の関係もないのである。

さて，方程式が3つ出そろったところで，重要なポイントを1つ指摘しておこう。

それぞれの方程式には，適当においた定数 λ, ν が入っている。この定数がどのような値をとるかは，解の境界条件によって決まる(たとえば，講義2で見たように，円周の中にぴったり整数個の波が入らないといけないというような)。そして，束縛状態においては，そのような定数は離散的(もっと具体的にいえば，整数 1, 2, 3, …とかかわる数)になることが予測される。

そこで，3つの方程式を比べてみると，φ の方程式には ν があるが，同じ ν が θ の方程式にもある。さらに，θ の方程式には λ があるが，R の方程式にも λ がある。3つの方程式は，それぞれの方向(動径方向，2つの角度の方向)に独立ではあるが，ν と λ によって結びついている。そこのところを，しかと記憶に留めておいて頂きたい。

それでは，次に進もう。

●ステップ4　φ 方向の解を求める

簡単な φ 方向の方程式④を解いてみよう。本質的ではないが，定数 ν を $\nu = m^2$ と置き換えておく(この記号 m は，粒子(電子)の質量ではない。まぎらわしいので別記号としたいのだが，水素原子の量子数の1つとして慣用的に使われるので，やむなく m としておく)。ν をわざわざ m の2乗とする理由は，式を解いてみれば明らかとなる。

> **実習問題 9-1**
>
> φ 方向の方程式
>
> $$\frac{d^2\Phi}{d\varphi^2}+m^2\Phi=0$$
>
> の解を求めよ。ただし，φ は 0 から 2π までの値をとる円周で，波動関数 Φ は，円周上でなめらかにつながっていなければならないという境界条件を考慮せよ。また，練習のため，波動関数の規格化もしてみよ。

解答&解説 この方程式の 1 つの解が，ある定数を μ として，

$$\Phi = e^{\mu\varphi}$$

の形をしていることは，もうお分かりのことであろう。これを方程式に代入すると，

$$\mu^2 e^{\mu\varphi} + m^2 e^{\mu\varphi} = 0$$

よって，

$$\mu^2 = -m^2$$

すなわち，

$$\mu = \pm im$$

である。よって，この方程式の一般解は，

$$\Phi = Ae^{im\varphi} + Be^{-im\varphi}$$

と書けるだろう。いわゆる正弦波の進行波と後退波である。ただし，φ は角度だから，円周上に乗る定常波ということになる（講義 2 で見た円周上のド＝ブローイ波である！）。

ここで，$\varphi=0$ と $\varphi=2\pi$ で波は連続していなければならないから，境界条件として，

$$A(e^0) + B(e^0) = Ae^{im\cdot 2\pi} + Be^{-im\cdot 2\pi}$$

が課せられる。また，$\varphi=0$ と 2π で波動関数がなめらかにつながらなければならない（微分係数が等しい）という条件から

$$imA(e^0) - imB(e^0) = imAe^{im\cdot 2\pi} - imBe^{-im\cdot 2\pi}$$

が課せられる。これらが同時に成立するためには，

$$e^{im \cdot 2\pi} = e^0 = 1$$
$$e^{-im \cdot 2\pi} = e^0 = 1$$

だから，

$$m = \cdots, -3, -2, -1, 0, 1, 2, 3, \cdots$$

でなくてはならない。

A と B についていえば，たとえば $m=1$ と $m=-1$ の解を書くと，

$m=1$ のとき：$\Phi = Ae^{i\varphi} + Be^{-i\varphi}$

$m=-1$ のとき：$\Phi = Ae^{-i\varphi} + Be^{i\varphi}$

である。よって，A の項と B の項はそれぞれ進行波にも後退波にもなりうる。だから，A と B を1つにまとめても構わないだろう。そこで，けっきょく，

$$\Phi = Ae^{im\varphi} \quad (m=0, \pm1, \pm2, \pm3, \cdots)$$

となる。

次に規格化である。確率密度関数 $\Phi^*\Phi$ を，0 から 2π まで積分した値が1でなくてはならないから，

$$\int_0^{2\pi} A^* e^{-im\varphi} \cdot A e^{im\varphi} \, d\varphi = 1$$

$$\int_0^{2\pi} A^* A \, d\varphi = 1$$

$$A^* A \Big[\varphi\Big]_0^{2\pi} = 1$$

$$|A|^2 \cdot 2\pi = 1$$

よって，A を正の実数としておけば（この仮定はいつでも使える。というのも，波動関数に任意の $e^{i\theta}$ をかけたものは，つねに同じ解であるから，適当な位相因子 $e^{i\theta}$ をかければ，確率振幅 A を正の実数とすることはつねに可能である），

$$A^2 = \frac{1}{2\pi}$$

すなわち，

$$A = \boxed{\text{(a)}}$$

ということで，けっきょく，求める規格化された φ 方向の波動関数は，

$$\varPhi = \boxed{\text{(b)}} \quad (m=0, \pm 1, \pm 2, \pm 3, \cdots)$$

となる。◆

　以上の結果は，直感的に明らかである。

図9-4● $\varPhi = e^{im\varphi}$ の実数部分（振幅を動径方向にとり，細い円を振幅 0 にして描いてある）

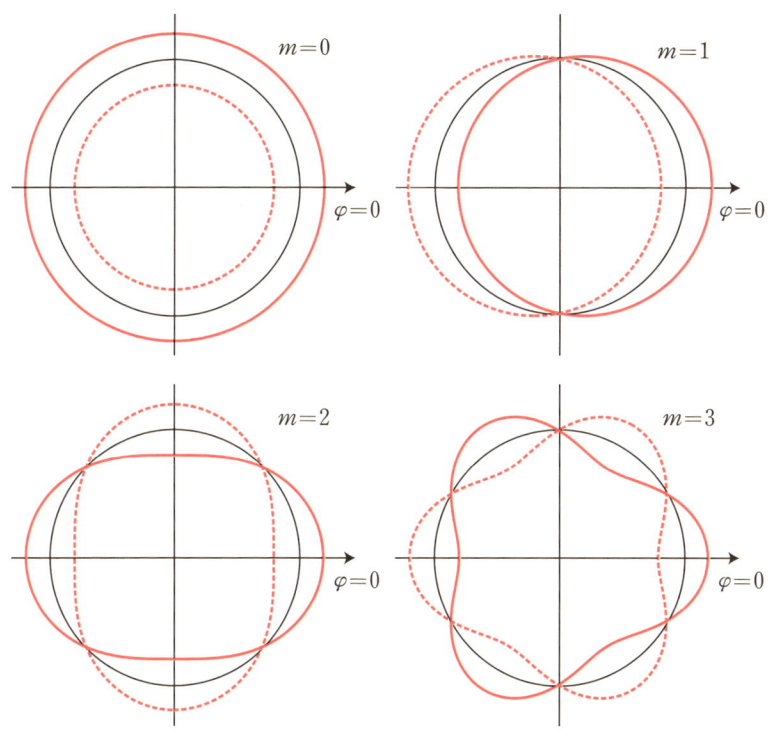

　$\varPhi$ の実数部分の形を，$m=0, 1, 2, 3$ の場合について，図に示しておいた（m が負の場合も形は同じである）。

　$m=0$ は，円形のまま，時間的に膨れたり縮んだりする場合である。$m=1$ は，たんなる横ゆれ。$m=2$ は，楕円形の偏平の方向が入れ替わる振動。$m=3$ で，定常波らしい形が現れる。

....

(a) $\dfrac{1}{\sqrt{2\pi}}$　　(b) $\dfrac{1}{\sqrt{2\pi}} e^{im\varphi}$

Φ は，デカルト座標 (x, y, z) でいえば，z 軸に垂直，すなわち x-y 平面で波動を輪切りにした形である。講義 2 の素朴な量子論では，物質波としての電子が，半径 $2\pi r$ の中にぴったり整数個入っているという考え方をとったが，それはかなり的を射ていたということができる。波動関数 Φ は，まさにそれと同じ形状をしているからである。

しかし，注意すべきことは，素朴な量子論における整数 n と，本講で導かれた整数 m は，そのまま対応するわけではないという点である。素朴な量子論における整数 n に相当する数（これを**主量子数**という）は，R, Θ, Φ のすべてが明らかになったところで登場する。

さらに重要なことは，波動関数は振動型であるが，確率密度 P は φ のあらゆる点で同じになる。なぜなら，

$$P(\varphi) = \Phi^* \Phi$$
$$= \frac{1}{\sqrt{2\pi}} e^{-im\varphi} \cdot \frac{1}{\sqrt{2\pi}} e^{im\varphi}$$
$$= \frac{1}{2\pi} = 一定$$

となるからである。つまり，電子の存在確率で見れば，φ 方向に関してはまったく等方的ということである。

図9-5●確率密度はどこも $\frac{1}{2\pi}$

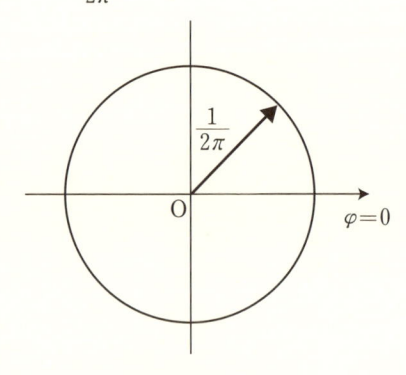

このことは，電子の古典的な描像と一致する。というのも，電子が陽子の周囲を z 軸を回転軸として等速円運動しているとすれば，電子の軌道は回転角 φ に関して完全に対称的だからである。

Θ と R については,講をあらためてつづけよう.

講義 10 LECTURE

水素原子 2
――角 θ 方向の解――

　前講にひきつづき，角 θ 方向の波動関数を調べることにしよう。Θ に関する波動方程式は，前講の式③，

$$\sin\theta \frac{d}{d\theta}\left(\sin\theta \frac{d\Theta}{d\theta}\right) + (\lambda\sin^2\theta - m^2)\Theta = 0$$

である。ただし，m は整数で（電子の質量ではない。念のため），式③の ν を m^2 で置き換えている。m は，波動関数が φ 方向の円周上に入る波の数を表していたことも思い起こしておこう。

●ルジャンドルの微分方程式

　式③の微分方程式は，ちょっと複雑である。（そのきちんとした解法は，数学のテキストに頼らざるをえないのだが，）量子力学のほとんどのテキストは，これを次のように解説する。

　まず，変数 θ を，

$$x = \cos\theta$$

と置き換える（この x は位置座標 x とは関係ない）。（ついでに，解 Θ を，$\Theta(\theta) = P(x)$ と書き換えておく。）

　そうすると，方程式は次のような形になる（各自，暇があれば確かめられよ）。

$$\frac{d}{dx}\left[(1-x^2)\frac{dP}{dx}\right] + \left(\lambda - \frac{m^2}{1-x^2}\right)P = 0$$

　これは，数学的には**ルジャンドルの微分方程式**として有名である……云々(うんぬん)。

● 直感的解法

しかし，われわれの目的は，微分方程式の解法を学ぶことではない（もちろん，物理学を学ぶ上ではそれは重要なことではあるが，あくまでテクニックであって目的そのものではない）。

そこで本書では，厳密性は犠牲にして，もっと物理的イメージのわく直感的方法によって，この θ 方向の解を検討してみることにしよう（多分，そんな方法で説明しているテキストは皆無であると思うが，かならず読者の方々のお役に立つと思う。本書の直感的方法をイメージした上で，あらためて数学的手法を勉強されれば，ルジャンドルの微分方程式が身近に感じられること間違いなしである）。

直感的イメージをたもつためには，$x=\cos\theta$ の変数変換はしないでおこう。すなわち，もう一度書くが，方程式は，

$$\sin\theta \frac{d}{d\theta}\left(\sin\theta \frac{d\Theta}{d\theta}\right)+(\lambda\sin^2\theta-m^2)\Theta = 0 \quad \cdots\cdots(*)$$

である。

ここで Θ は，角 θ 方向の波動関数である。地球でいうと，φ が赤道面の経度であるのに対して，θ は北極から南極までの緯度である（ただし，北極点を 0 とし，南極は π である）。

図10-1● θ と φ を地球でイメージする。

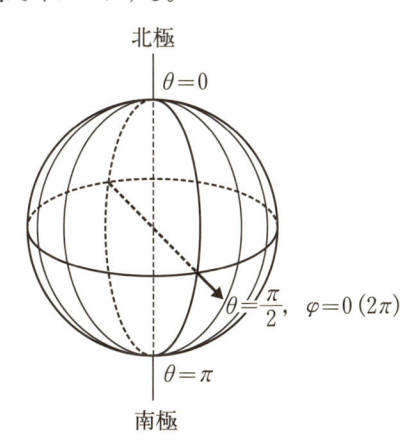

ごく当然のこととして，$\varphi=0$ と 2π で波動がなめらかにつながっていたのと同様の条件(境界条件)を設定することができる。すなわち，波動関数はおそらく「北半球」と「南半球」で対称的であり(ただし「奇」対称でもよい(理由は 110 ページで述べた通り))，$\theta=0$ と π であたりまえのことながら，なめらかにつながらなければならない。

　このような条件をみたす解を，実数について，手当たり次第にあたってみよう(複素数の解もありうるかもしれないが，とりあえず実数解が見つかればそれに越したことはない。じっさい，ルジャンドルの微分方程式の解は実数である)。

●もっとも簡単な解

　まず，いちばん簡単な解は，直感的に，
$$\Theta = c \quad (c\text{ は実定数}(0\text{ では意味がないので，正としておく}))$$
である。これは，波打つことのない球であり，かならずこのような解は存在する(無重力に浮かぶ，波打たない水滴。ただし，時間的には振動する)。そこで，これを方程式(*)に代入してみると($d\Theta/d\theta=0$ だから)，
$$(\lambda \sin^2\theta - m^2)c = 0$$
c が 0 でないから，
$$\lambda \sin^2\theta - m^2 = 0$$
この式が，0 から π までのすべての θ について成立するためには(λ と m は定数だから)，
$$\lambda = 0 \text{ かつ } m = 0$$
しかない。

　ところで，$m=0$ は，φ の解，
$$\Phi = e^{im\varphi}$$
より，
$$\Phi = \text{定数}$$
の解に相当する。つまり，「経度」においても「緯度」においても波打たない解だから，まさに球状の水滴に相当する。

　まるで面白くない解ではあるが，単純明快な解である。

図10-2 ● 波打たない球面（ただし，時間的には膨らんだり縮んだりしている）
――もっとも簡単な解――

じつは，この解は，水素原子の基底状態で現れる。電子はいちばん低いエネルギー準位にあるが，それは θ, φ に関してまったく波打たない状態であって，直感的イメージにぴったりである。ただし，われわれはこの波動の r 方向の解はまだ知らない。エネルギー準位が高くても，この形が現れる場合もある（講義11で扱う）。

これまで，振動する水滴のイメージを強調してきたが，水滴の表面は2次元球面である。しかし，波動関数としての電子は3次元的に存在する。だから，電子の波動関数には，動径方向 r に関する振動もあり，水滴の表面の振動とは，本当は少し違うのである。

● $\cos\theta$ と $\sin\theta$ も解である

それでは，次の解を求めよう。たとえば，
$$\Theta = \cos\theta$$
は，上に述べてきたような境界条件をみたすのではなかろうか。

図10-3 ● $\Theta = \cos\theta$ および $|\Theta|^2 = \cos^2\theta$ をいろいろな形で表す。

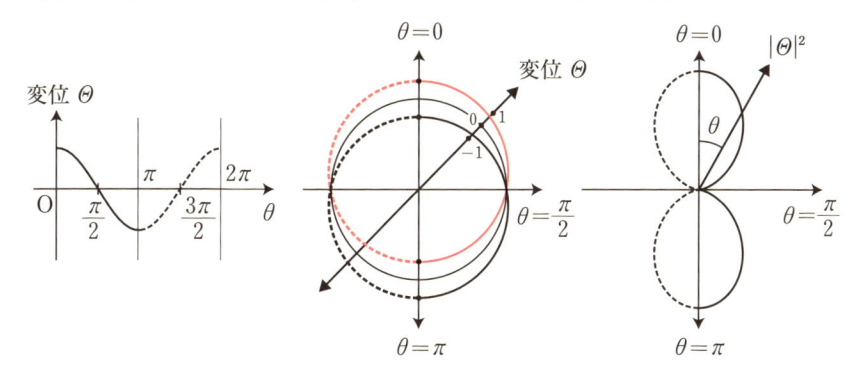

(a) ふつうに描いた $\cos\theta$

(b) 変位 Θ を動径方向にとり $\Theta = 0$ を適当な半径に選んで描いた $\cos\theta$（赤色）（とその時間的変化（黒色））

(c) 確率密度0を原点に選んで描いた確率密度分布

図(a)は θ を横軸にして描いたふつうの $\cos\theta$ である。ここで，π から 2π の部分は，π から 0 に（「南極」から「北極」に）戻る状態だと考えればよい。それを，動径方向に $\Theta=0$ に相当する適当な半径をとり，角 θ にそって描くと図(b)のようになる。これは「北極」方向と「南極」方向に時間的に振動する解であることが分かる。また，原点を $|\Theta|^2=0$ として，確率密度 $|\Theta|^2$ を描くと，図(c)のような面白い形になる。この状態では，電子（の雲）は上下に伸びた2つの水滴のように分布していると考えられる。

　さて，本当にこのような解が方程式(∗)をみたすか調べてみよう。

✏️ 2番目のルジャンドル多項式

演習問題 10-1

$$\Theta = \cos\theta$$

を，方程式

$$\sin\theta \frac{d}{d\theta}\left(\sin\theta \frac{d\Theta}{d\theta}\right) + (\lambda\sin^2\theta - m^2)\Theta = 0 \quad \cdots\cdots(*)$$

に代入し，この Θ が方程式の解となるための λ と m の値を求めよ。

解答&解説 そのまま代入して計算すればよい。

$$\sin\theta \frac{d}{d\theta}\left(\sin\theta \frac{d(\cos\theta)}{d\theta}\right) + (\lambda\sin^2\theta - m^2)\cos\theta = 0$$

$d\Theta/d\theta = -\sin\theta$ だから，

$$\sin\theta \frac{d}{d\theta}(-\sin^2\theta) + (\lambda\sin^2\theta - m^2)\cos\theta = 0$$

$$-2\sin^2\theta\cos\theta + (\lambda\sin^2\theta - m^2)\cos\theta = 0$$

$$-2\sin^2\theta + \lambda\sin^2\theta - m^2 = 0$$

$$(\lambda-2)\sin^2\theta - m^2 = 0$$

この関係が，変化する θ についてつねに成立するためには，

$$\lambda = 2 \text{ かつ } m = 0$$

しかない。◆

　この解は，やはり $m=0$ で，φ 方向については波打たない。

さらに，ここで注目すべき事実が明らかとなる。それは，定数 λ はどうやら整数らしいということである。

　この解は，講義2において素朴に求めたエネルギー準位の，$n=2$ の場合に現れる。つまり，基底状態から1つ上の励起状態である。しかし，$\lambda=$ 量子数 n ではない。$\Theta=c$（$=$一定）のときの λ は（$n=1$ にもかかわらず），$\lambda=0$ であったように，λ と量子数 n は一致はしていないのである。λ と（主）量子数 n との関係は，講義11で明らかになる。

　問題のタイトルについているルジャンドル多項式という名称については，後述する。

もう1つ練習してみよう。

> **演習問題 10-2　ルジャンドル陪関数の一例**
>
> $$\Theta = \sin\theta$$
>
> は，λ と m がどのような条件をみたすときに解になるかを調べよ。
>
> また，その波動関数と確率密度のおおよその形を描け。

解答&解説　$\Theta=\sin\theta$，$d\Theta/d\theta=\cos\theta$ を方程式（＊）に代入すると，

$$\sin\theta \frac{d}{d\theta}(\sin\theta \cdot \cos\theta) + (\lambda\sin^2\theta - m^2)\sin\theta = 0$$

$$\cos^2\theta - \sin^2\theta + \lambda\sin^2\theta - m^2 = 0$$

$$(\lambda-2)\sin^2\theta - (m^2-1) = 0$$

この式が，θ の値にかかわらず成立するためには，

$$\lambda = 2$$
$$m = \pm 1$$

となる。

　また，図は次のようになる。

図10-4 $\Theta=\sin\theta$ および $|\Theta|^2=\sin^2\theta$ をいろいろな形で表す。

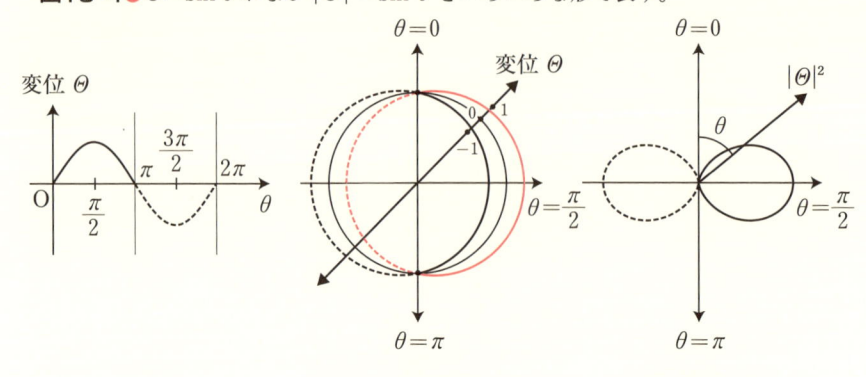

(a) ふつうに描いた $\sin\theta$

(b) 変位 Θ を動径方向にとり $\Theta=0$ を適当な半径に選んで描いた $\sin\theta$（赤色）（とその時間的変化（黒色））

(c) 確率密度 0 を原点に選んで描いた確率密度分布

　ふつうに描いた $\sin\theta$ は図(a)であり，それを θ 方向に描き直せば，図(b)のようになる。これは，「赤道」方向に時間的に振動している解を意味する。また，$m=\pm1$ より，φ 方向でも横ゆれになっている（南北方向に海面がゆれても経度方向には関係ないが，赤道方向に海面がゆれれば，必然的に経度方向のゆれも生ずる。図9-4，131ページ）。

　確率密度分布は，図(c)のようになり，「赤道」方向の2つの「水滴」になる。

　ルジャンドル陪関数という名称については，後述する。◆

　なお，この解もまた，エネルギー準位としては，$n=2$ のときに現れる（ことがある）。すなわち，φ 方向も含めた波動関数 $Y(\theta,\varphi)$（127ページ，式②）を考えたとき，

$$Y=\cos\theta \quad (\lambda=2, m=0 \text{ の場合})$$
$$Y=\sin\theta\, e^{\pm i\varphi} \quad (\lambda=2, m=\pm1 \text{ の場合})$$

の2つの解は，同じエネルギー準位を共有することがある。このような状態を，「エネルギー準位が**縮退**している」という。それぞれのエネルギー準位が，いくつの波動関数で縮退しているかは，φ, θ, r に関するすべての波動関数が出そろったところで明らかになるだろう。

●cos 2θ, sin 2θ, …は解になるか

1次元の無限に高い障壁（すなわち閉じた障壁）の波動関数では，α を適当な定数として，

$$\cos \alpha x, \quad \sin 2\alpha x, \quad \cos 3\alpha x, \quad \sin 4\alpha x, \quad \cdots$$

などが，解であった（講義7，演習問題 7-1）。

また，φ 方向では，

$$e^{\pm i\varphi}, \quad e^{\pm 2i\varphi}, \quad e^{\pm 3i\varphi}, \quad \cdots$$

などが解になる（講義9，実習問題 9-1）。

それでは，Θ についてもそのような解が可能であろうか。たとえば，

$$\Theta = \sin 2\theta, \quad \Theta = \cos 2\theta$$

などは，解になるのだろうか。

結論をいうと，単純にはそうはならない。その理由を，直感的にすべて説明するのは難しい。2次元的に閉じた球面の特殊性というしかないだろう。たとえば $\sin 2\theta$ は解となるが $\cos 2\theta$ は解とはならない（$\cos 2\theta$ ではなく，$\cos 2\theta + \frac{1}{3}$ という，いささか中途半端な形が解となる）。しかし，そうした細部（とはいえ重要ではあるが）に目をつむれば，

$$\sin 2\theta, \quad \sin 3\theta, \quad \cdots$$

$$\cos 2\theta, \quad \cos 3\theta, \quad \cdots$$

が何らかの形でかかわっていることも想像できるだろう。

そこで，もう1つだけ，練習してみよう。

演習問題 10-3　ルジャンドル陪関数のもう1つの例

$$\Theta = \sin 2\theta$$

が，方程式

$$\sin \theta \frac{d}{d\theta}\left(\sin \theta \frac{d\Theta}{d\theta}\right) + (\lambda \sin^2 \theta - m^2)\Theta = 0 \quad \cdots\cdots(*)$$

の解になりうることを確かめ，そのときの λ と m の値を求めよ。

また，波動関数と確率密度関数の概略を描け。

解答&解説 演習問題とまったく同様に，方程式（*）に代入すればよい．

$$\frac{d\Theta}{d\theta} = 2\cos 2\theta$$

だから，

$$\sin\theta \frac{d}{d\theta}(\sin\theta \cdot 2\cos 2\theta) + (\lambda\sin^2\theta - m^2)\sin 2\theta = 0$$

同様に整理していけば，

$$(\lambda - 6)\sin^2\theta - (m^2 - 1) = 0$$

となり，

$$\lambda = 6, \quad m = \pm 1$$

を得る．

図10-5● $\Theta = \sin 2\theta$ および $|\Theta|^2 = \sin^2 2\theta$ をいろいろな形で表す．

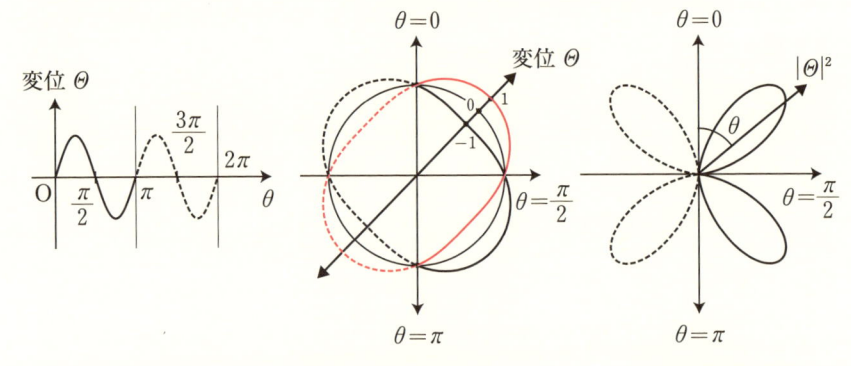

(a) ふつうに描いた $\sin 2\theta$

(b) 変位 Θ を動径方向にとり $\Theta = 0$ を適当な半径に選んで描いた $\sin 2\theta$（赤色）（とその時間的変化（黒色））

(c) 確率密度 0 を原点に選んで描いた確率密度分布

これまでと同じ表し方をすれば，その概略図は上のようになる．

確率密度関数は，90°ごとに節目がついているので，4つ葉のクローバーのような形になる．◆

●2つの量子数 *l* と m

さて，ここで全体をまとめておこう。

まず，λについて，後知恵ではあるが，もっともらしい答えを導いておこう。

λが整数であることは疑いない。しかも，このλはつねにm^2より大きい(ようである)。方程式の$(\lambda\sin^2\theta-m^2)$の項を見れば想像できることだが，$m$は$m^2$の形で入っているので，$\lambda$もまた，整数の2乗の形になっている可能性が高いだろう(整数の1乗だと，mが大きくなったとき，m^2の項がλの項よりどんどん大きくなってしまう)。そこで，$\lambda=(m+1)^2$と考えてみる。しかし，これでは逆に，mが大きくなったときに，λの項がm^2の項よりどんどん大きくなってしまう。そこで，つねにλとm^2が拮抗しており，なおかつ，λはm^2よりつねに大きいような整数を考える。そうすると，次のような考えにいたる(くどいようだが，これは後知恵であり，厳密に方程式を解いて，はじめて分かることである)。

lを非負整数とし，lの2乗より少し大きな，$l(l+1)$という数を考えると，これは，もちろん整数である。そこで，それを表に書けば，

l, m	$l(l+1)$	m^2
0	0	0
1	2	1
2	6	4
3	12	9
4	20	16
5	30	25

のようになる。結論をいえば，整数をlとして，

$$\lambda = l(l+1)$$

となる。

●ルジャンドル多項式とルジャンドル陪関数

以下は，たんなる言葉の説明のようなものである。話として聞いてお

いて頂ければよい。

　方程式(*)(の変数 θ を，$x=\cos\theta$ と置き換えた方程式)をルジャンドル方程式と呼び，この方程式でとくに $m=0$ のときの解の一群を，**ルジャンドル多項式**と呼ぶ。

　(ようするに，方程式(*)で，$m=0$ とし，λ を $0, 2, 6, 12, \cdots$ としたときの解である。)

　多項式というのは，x を変数，a を定数として，
$$a_0 + a_1 x + a_2 x^2 + a_3 x^3 + \cdots \quad (\text{有限項で打ち切り})$$
という形の式だから，わりと単純な式である。

　次に，m が 0 でないときの一般的な解は，多項式より少しだけ複雑になるが，やはり有限項のかけ算，足し算になる。これらをまとめて**ルジャンドル陪関数**と呼ぶ。

　結論。水素原子における電子の θ 方向の波動関数は(規格化定数を除き)，ルジャンドル陪関数で表される。これは，2つの整数 l と m で決まるので，その解を，
$$\Theta_l^m$$
で表すと，具体的には次のようになる。

　m^2 は $l(l+1)$ よりかならず小さいので，たとえば，$l=3$ のときには，$m=\pm 3, \pm 2, \pm 1, 0$ の4通りの解がある。φ 方向まで含めると，m の正と負を分けないといけないので，解の個数は7つになる。

　$l=0, 1, 2, 3$ の場合の，具体的な解を書き出しておこう。

$\Theta_0^0 = c$ （定数） （136 ページ）　　$[1]$

$\Theta_1^0 = \cos\theta$ （演習問題 10-1）　　$[\cos\theta]$

$\Theta_1^1 = \sin\theta$ （演習問題 10-2）　　$[\sin\theta]$

$\Theta_2^0 = \cos 2\theta + \dfrac{1}{3}$　　$\left[\dfrac{1}{2}(3\cos^2\theta - 1)\right]$

$\Theta_2^1 = \sin 2\theta$ （演習問題 10-3）　　$[3\cos\theta\sin\theta]$

$\Theta_2^2 = \cos 2\theta - 1$　　$[3\sin^2\theta]$

$$\Theta_3^0 = 5\cos 3\theta + 3\cos\theta \qquad \left[\frac{1}{2}(5\cos^3\theta - 3\cos\theta)\right]$$

$$\Theta_3^1 = (5\cos 2\theta + 3)\sin\theta \qquad \left[\frac{3}{2}(5\cos^2\theta - 1)\sin\theta\right]$$

$$\Theta_3^2 = (\cos 2\theta - 1)\cos\theta \qquad [15\cos\theta\sin^2\theta]$$

$$\Theta_3^3 = \sin 3\theta - 3\sin\theta \qquad [15\sin^3\theta]$$

　左側に記した形は，sin, cos の2倍角，3倍角による表現で，最終的には規格化するわけだから，全体にかかる定数項(マイナスを含む)は省いてある。それに対して，右側の[　]内に記した形は，sin, cos のべき乗の形で，なおかつ本来は必要のない定数項がかかっている。これは，$x = \cos\theta$ とおき，x を変数とした方程式を解析的に解いていったときに出てくる一連の解の形で，これを**ルジャンドル陪関数**と呼ぶのである(この中で，$m=0$ の解をルジャンドル多項式という)。

図10-6 ● $l=0(m=0),\ l=1(m=\pm 1, 0),\ l=2(m=\pm 2, \pm 1, 0)$ における θ 方向の確率密度関数の概略図

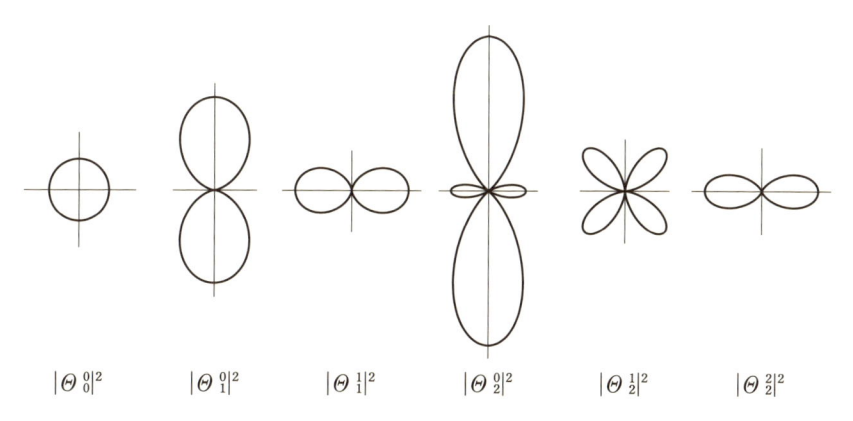

$|\Theta_0^0|^2 \qquad |\Theta_1^0|^2 \qquad |\Theta_1^1|^2 \qquad |\Theta_2^0|^2 \qquad |\Theta_2^1|^2 \qquad |\Theta_2^2|^2$

　一部，既出だが，図に，$l=0, 1, 2$ の確率密度関数のおおまかな図をまとめて描いておいた。電子の「水滴」が，「南北」方向に「緯度」にそって分布しているイメージがつかめるであろう。

●球面調和関数

さて、ここで、φ 方向の解 Φ と、θ 方向の解 Θ をまとめてみよう。これは講義 9 で、Y と表記した関数である (124 ページ)。

$$Y(\theta, \varphi) = \Theta(\theta)\Phi(\varphi)$$

Θ は、整数 l と m を組み合わせた解があり、Φ は整数 m (m は正、負あり) に関する解があった。それゆえ、Y もまた、整数 l と m を組み合わせた解がある。

そこで、講義 10 のしめくくりとして、ある l と m で決まる関数 Y を規格化する計算をして頂こう。

> **実習問題 10-1　球面調和関数の規格化**
>
> $l=2$, $m=-1$ のときの波動関数 Y を、規格化した形で求めよ。

解答＆解説　$l=2$, $m=-1$ のときの $\Theta(\theta)$ と $\Phi(\varphi)$ は、規格化係数を除き、次の通りである (Θ では、$m=1$ も $m=-1$ も同じなので、$m=1$ と表記しておく)。

演習問題 10-3 より、

$$\Theta_2^1 = \sin 2\theta$$

講義 9 より、

$$\Phi^{-1} = e^{-i\varphi}$$

よって、全体の規格化係数を A として、

$$Y^{-\frac{1}{2}}(\theta, \varphi) = A \sin 2\theta \, e^{-i\varphi}$$

確率密度関数 $P^{-\frac{1}{2}}(\theta, \varphi)$ は、

$$P = Y^* Y$$

で、P を $\varphi=0$ から 2π、$\theta=0$ から π まで積分した値が 1 にならなくてはならないから、

$$\int_0^{2\pi} \int_0^{\pi} Y^* Y \sin\theta \, \mathrm{d}\theta \mathrm{d}\varphi = 1$$

である。ここで，微小面積量が $\sin\theta \, \mathrm{d}\theta \, \mathrm{d}\varphi$ となっているのは，球座標でおなじみのものである（次図）。

図10-7●半径1の球面の微小面積は $\sin\theta \, \mathrm{d}\varphi \times \mathrm{d}\theta$

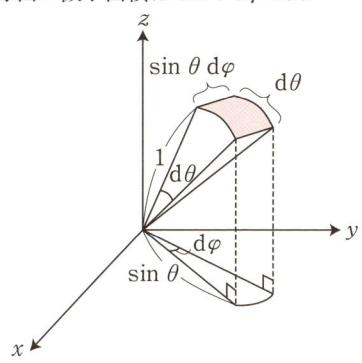

積分は球面全体におこなわれる（半径1の球を想定しておけばよい）。最終的な波動関数 $u(=R\Theta\Phi)$ の規格化については，$\mathrm{d}r$ もこみで積分することになる。

$$Y = A\sin 2\theta \, e^{-i\varphi}$$
$$Y^* = A^*\sin 2\theta \, e^{+i\varphi}$$

だから，

$$Y^*Y = \boxed{}\text{(a)}$$

で，A は正の実数としておいて差し支えないから（波動関数には，いつも位相因子 $e^{i\theta}$ の任意性がつきまとうから，A の針を回転させておいて正の実数にできる），

$$\int_0^{2\pi}\int_0^{\pi} A^2 \sin^2 2\theta \sin\theta \, \mathrm{d}\theta \mathrm{d}\varphi = 1$$
$$2\pi A^2 \int_0^{\pi} \sin^2 2\theta \sin\theta \, \mathrm{d}\theta = 1$$

ここで，

$$\sin^2 2\theta \sin\theta = (2\sin\theta\cos\theta)^2 \cdot \sin\theta = 4\sin^3\theta\cos^2\theta$$

である。これを，

$$x = \cos\theta$$

とおいて変数変換してみよう（積分計算の常套手段）。

$$\begin{cases} \sin^2\theta = 1-x^2 \\ \cos^2\theta = x^2 \end{cases}$$

$$\frac{\mathrm{d}x}{\mathrm{d}\theta} = -\sin\theta$$

すなわち,

$$\mathrm{d}\theta = \boxed{\text{(b)}}$$

かつ, x を 1 から -1 まで積分することになるから, 符号をひっくりかえして,

$$8\pi A^2 \int_{-1}^{1}(1-x^2)x^2\,\mathrm{d}x = 1$$

$$8\pi A^2 \left[\frac{1}{3}x^3 - \frac{1}{5}x^5\right]_{-1}^{1} = 1$$

$$8\pi A^2 \left[\left(\frac{1}{3}-\frac{1}{5}\right)-\left(-\frac{1}{3}+\frac{1}{5}\right)\right] = 1$$

$$8\pi A^2 \cdot \frac{4}{15} = 1$$

よって,

$$A = \sqrt{\frac{15}{32\pi}}$$

であるから,

$$Y_{\frac{1}{2}}^{-1}(\theta, \varphi) = \boxed{\text{(c)}}$$

これは, いうまでもなく,

$$Y_{\frac{1}{2}}^{-1}(\theta, \varphi) = \sqrt{\frac{15}{8\pi}}\sin\theta\cos\theta\,e^{-i\varphi}$$

と書いても同じである。◆

....

(a)　$A^*A\sin^2 2\theta$　　(b)　$-\dfrac{\mathrm{d}x}{\sin\theta}$　　(c)　$\sqrt{\dfrac{15}{32\pi}}\sin 2\theta\,e^{-i\varphi}$

このように規格化された Y を，**球面調和関数**と呼ぶ。名前の由来は，いうまでもないだろう。球面調和関数を話題にしているときに，無重力に浮かぶ球形の水滴のようなものをイメージせず，面倒な数式ばかりを追っているのでは，想像力の欠如といわれても仕方あるまい。

ご参考までに，規格化された Y のいくつかを最後にまとめておこう。ここでは，ルジャンドル陪関数と同じ，sin，cos のべき乗の表記にしておいた。

$$Y_0^0 = \frac{1}{\sqrt{4\pi}}$$

$$Y_1^0 = \sqrt{\frac{3}{4\pi}} \cos\theta$$

$$Y_1^1 = -\sqrt{\frac{3}{8\pi}} \sin\theta\, e^{i\varphi} \qquad Y_1^{-1} = \sqrt{\frac{3}{8\pi}} \sin\theta\, e^{-i\varphi}$$

$$Y_2^0 = \sqrt{\frac{5}{16\pi}} (3\cos^2\theta - 1)$$

$$Y_2^1 = -\sqrt{\frac{15}{8\pi}} \sin\theta\cos\theta\, e^{i\varphi} \qquad Y_2^{-1} = \sqrt{\frac{15}{8\pi}} \sin\theta\cos\theta\, e^{-i\varphi}$$

$$Y_2^2 = \sqrt{\frac{15}{32\pi}} \sin^2\theta\, e^{2i\varphi} \qquad Y_2^{-2} = \sqrt{\frac{15}{32\pi}} \sin^2\theta\, e^{-2i\varphi}$$

Y_1^1 と Y_2^1 の式にマイナスがついているのは，数学上による形式のもので，物理的な意味はない。

最後に，θ 方向，φ 方向の方程式には，電子の質量もポテンシャルも現れないことに着目しておこう。つまり，球面調和関数 Y は，クーロン力や粒子の質量とは関係なく成立する，文字通り球表面に実現される波の形を表しているのである。

講義 11 水素原子 3
── r 方向の解 ──

　残された r 方向(動径方向)の微分方程式は，講義 9 の式①(126ページ)である。

$$\frac{d}{dr}\left(r^2\frac{dR}{dr}\right)+\left[\frac{2mr^2}{\hbar^2}\left(\frac{1}{4\pi\varepsilon_0}\frac{e^2}{r}+E\right)-\lambda\right]R=0$$

ここで，実定数 λ は θ と φ 方向の方程式と結びついていて，講義 10 で見たように，

$$\lambda = l(l+1) \quad (l=0,1,2,3,\cdots)$$

であった。そこで，左辺第 1 項の微分も展開して，解くべき方程式は次のようになる。クーロンの比例定数も煩雑なので，$1/4\pi\varepsilon_0=k_0$ とでもしておこう。

$$r^2\frac{d^2R}{dr^2}+2r\frac{dR}{dr}+\left[\frac{2mk_0e^2}{\hbar^2}\cdot r+\frac{2mE}{\hbar^2}\cdot r^2-l(l+1)\right]R=0 \quad \cdots\cdots(*)$$

　この方程式を厳密に解くためには，角 θ の方程式と同様，相当な数学的知識が必要である。そこで，これまで同様，われわれは厳密な数学はさておいて，直感的イメージで進めるところまで進むことにしよう。つねに大事なことは，物理的イメージである。

　われわれが求めているのは，クーロン・ポテンシャルに束縛された電子の波動関数である。ところが，講義 9 と 10 で見た φ と θ の方程式には，ポテンシャルの項がなかった(電気力は，球対称な中心力だから，ポテンシャルは r だけに関係し，θ と φ には無関係である。それゆえ，前講最後でも述べたように，θ と φ の解，$Y=\Theta\Phi$ はポテンシャルと関係なしに成立しているのである)。

　この R に関する方程式にいたって，はじめてそのポテンシャルが登場

したわけである。講義 7 において，1 次元の井戸型ポテンシャルを解いたが，本講でおこなおうとしているのは，その形が，$-k_0 e^2/r$ という双曲線型ポテンシャルなわけである（変数は r 1 つであるが，デカルト座標ではなく球座標なので，形は講義 7 の 1 次元の方程式と異なっている）。

井戸型と共通していることは，エネルギー E が負で，粒子がポテンシャルに囚われているとき，そのエネルギー準位は離散的になるだろうということである。

図11-1● ポテンシャルが双曲線型なので，波動関数の境界条件は $r=\infty$ にとらねばならない。

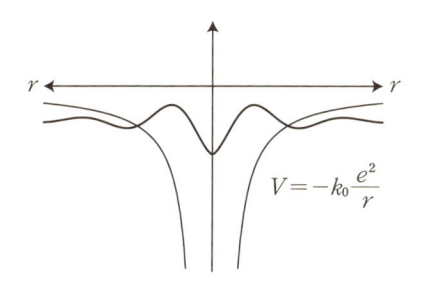

$$V = -k_0 \frac{e^2}{r}$$

しかし，それ以外の点は，1 次元の井戸型とかなり違う。

まず，ポテンシャルは双曲線なので，エネルギーが負であっても，電子は中心からはるか離れたところまで存在できる。つまり，境界条件は，$r=\infty$ で考えないといけないということである。

また，波動関数は，何らかの振動型になるかもしれないが，おそらく sin, cos 型ではないだろうと思われる。

そんなわけで，われわれはこれまでとは違ったアプローチをする必要があるだろう。

● r がきわめて大きい場所での解

まず，境界条件を $r=\infty$ にとるということからヒントを得て，r がきわめて大きい場所での波動関数の形を考えてみよう。もう一度，方程式 (*) をじっとにらんでみると，それぞれの項の r の次数が違うことに気づく。分かりやすくするために，方程式 (*) を，r^2 で割り算した形で書くと，

$$\frac{d^2R}{dr^2}+\frac{2}{r}\frac{dR}{dr}+\left[\frac{2mk_0e^2}{\hbar^2}\cdot\frac{1}{r}+\frac{2mE}{\hbar^2}-\frac{l(l+1)}{r^2}\right]R=0$$

となるが，ここで，r がきわめて大きいとき，$1/r$ や $1/r^2$ の項はほとんど無視してよいだろう。そうすると，方程式は簡単になって，

$$\frac{d^2R}{dr^2}+\frac{2mE}{\hbar^2}R=0$$

エネルギー E が負であることを考慮すると，この解は実定数の指数関数になることは，これまで何度も見てきた通りである。すなわち，

$$R=e^{\alpha r}$$

とでもおいて，方程式に代入すれば，

$$\alpha^2+\frac{2mE}{\hbar^2}=0$$

より，

$$\alpha=\pm\frac{\sqrt{-2mE}}{\hbar}$$

となり，＋の解は ∞ で発散してしまうから，けっきょく α は負で，

$$R=e^{-\frac{\sqrt{-2mE}}{\hbar}r}$$

となる。もちろん，この解は r が大きくないところでは成立しないが，それについては別の因子を考えればよいだろう。$r=0$ で，$e^{-\frac{\sqrt{-2mE}}{\hbar}r}$ は 1 だから，最終的な解 R の 1 つの因子として，上のような指数関数がついていることはさまたげにはならないであろう。

● $r=0$ 近傍での解

次に，r が非常に小さい領域での解を考えてみよう。そのためには，方程式（＊）において，$r=0$ とおいてみればよいが，d^2R/dr^2 や dR/dr までが 0 になっては，$R=0$ という答えしか出てこないから，左辺第 3 項の R の係数のところだけを，$r=0$ としてみよう。そうすると，

$$r^2\frac{d^2R}{dr^2}+2r\frac{dR}{dr}-l(l+1)R=0$$

となる。この形は，2 次の微分のところに r^2，1 次の微分のところに r の係数がついているから，適当な正の定数を μ として，

$$R = r^\mu$$

という解が期待できる．じっさい代入してみると，

$$\frac{dR}{dr} = \mu r^{\mu-1}$$

$$\frac{d^2 R}{dr^2} = \mu(\mu-1)r^{\mu-2}$$

だから，

$$r^2\mu(\mu-1)r^{\mu-2} + 2r\mu r^{\mu-1} - l(l+1)r^\mu = 0$$

となり，めでたく，各項の r^μ が消えて，

$$\mu(\mu-1) + 2\mu - l(l+1) = 0$$

これは，

$$(\mu+l+1)(\mu-l) = 0$$

と因数分解できて，μ は正としたから，

$$\mu = l$$

すなわち，

$$R = r^l$$

が解となる．

l は(0または)正の整数だから，この解は $r=0$ では 0 ($l=0$ のときだけ $R=1$)で，r が大きくなるにつれて発散していくが，r が大きいところでは，先ほどの

$$e^{-\frac{\sqrt{-2mE}}{\hbar}r}$$

の項の方が効いて，R を 0 にしてくれる．そこで，これらを合わせれば，

$$R = r^l e^{-\frac{\sqrt{-2mE}}{\hbar}r}$$

という解が得られた．

この R の概略の形は，次図のようであろう．l が 0 なら，$r=0$ で $R=1$ となるが，l が正なら，$r=0$ で $R=0$ である．

図11-2●振動ではない $R=r^l e^{-\frac{\sqrt{-2mE}}{\hbar}r}$

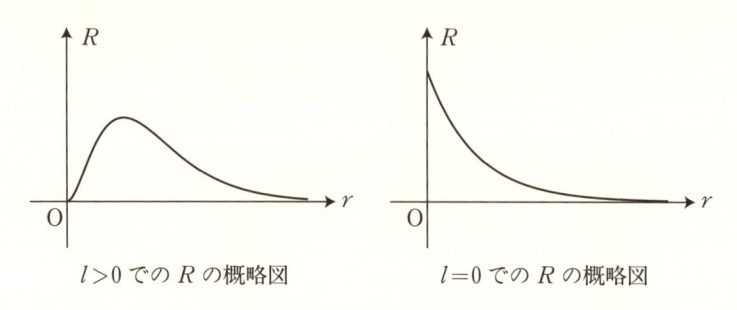

$l>0$ での R の概略図

$l=0$ での R の概略図

　r が微小でもなく，きわめて大きくもない場所での波動関数の形は，もちろんこれまでの議論ではまったく分からない。ただ，波動であるからには，何らかの振動が伴うのではないかということは予測できる(次図)。

図11-3●振動型だとすると，このような感じになるだろう。

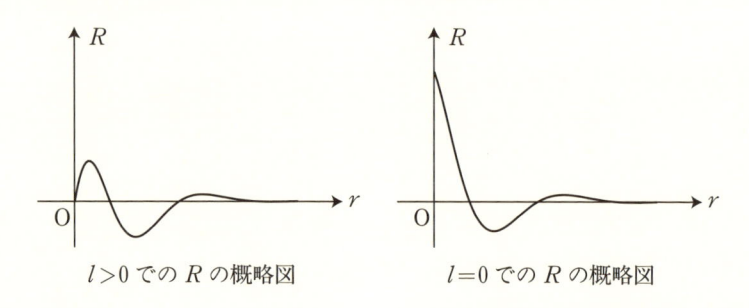

$l>0$ での R の概略図

$l=0$ での R の概略図

　この振動型の具体的な形を求めるには，残念ながら数学的追求に踏み込まねばならない。

　しかし，われわれにとっては都合のよいことに，振動型ではない解も存在するのである。すなわち，規格化を考慮しなければ，

$$R = r^l e^{-\frac{\sqrt{-2mE}}{\hbar}r}$$

は，R の1つの解なのである(もちろん，$l=0,1,2,3,\cdots$ に応じて複数の解がある)。

　そこで，そのことを頼りに，エネルギー準位 E を求める計算をおこなってみることにしよう。

水素原子のエネルギー準位を求める

演習問題 11-1

$$R = r^l e^{-\frac{\sqrt{-2mE}}{\hbar}r}$$

が，動径方向のシュレーディンガー方程式，

$$r^2 \frac{d^2 R}{dr^2} + 2r \frac{dR}{dr} + \left[\frac{2mk_0 e^2}{\hbar^2} \cdot r + \frac{2mE}{\hbar^2} \cdot r^2 - l(l+1)\right]R = 0$$

の解であるためには，電子のエネルギー E はどのような条件をみたさねばならないか。

解答&解説 ともかく計算あるのみである。定係数は煩雑なので，

$$\frac{2mk_0 e^2}{\hbar^2} = \beta$$

$$\frac{-2mE}{\hbar^2} = \alpha^2 \quad (E \text{ は負であることに注意})$$

とでもおこう。

$$R = r^l e^{-\alpha r}$$

$$\frac{dR}{dr} = l r^{l-1} e^{-\alpha r} - \alpha r^l e^{-\alpha r}$$

$$\frac{d^2 R}{dr^2} = l(l-1) r^{l-2} e^{-\alpha r} - \alpha l r^{l-1} e^{-\alpha r} - \alpha (l r^{l-1} e^{-\alpha r} - \alpha r^l e^{-\alpha r})$$

$$= \{l(l-1) r^{l-2} - 2\alpha l r^{l-1} + \alpha^2 r^l\} e^{-\alpha r}$$

だから，これらを方程式に代入して，$r^l e^{-\alpha r}$ を消去すれば，

$$\{l(l-1) - 2\alpha l r + \alpha^2 r^2\} + 2\{l - \alpha r\} + \{\beta r - \alpha^2 r^2 - l(l+1)\} = 0$$

式を整理すれば，$\alpha^2 r^2$ や $l(l+1)$ がめでたく消えて，

$$-2\alpha(l+1) + \beta = 0$$

を得る。すなわち，

$$\alpha = \frac{\beta}{2(l+1)}$$

α と β の値を代入すれば，

$$\frac{\sqrt{-2mE}}{\hbar} = \frac{mk_0 e^2}{(l+1)\hbar^2}$$

これを E で解けば，

$$E = -\frac{mk_0^2 e^4}{2(l+1)^2 \hbar^2}$$

$k_0 = 1/4\pi\varepsilon_0$ だったので,

$$E = -\frac{me^4}{32\pi^2\varepsilon_0^2\hbar^2} \times \frac{1}{(l+1)^2}$$

ここで, $l+1$ はもちろん正の整数だから, これを n とすれば($l=0, 1, 2, \cdots$ だから, $n=1, 2, 3, \cdots$ となる),

$$E = -\frac{me^4}{32\pi^2\varepsilon_0^2\hbar^2} \times \frac{1}{n^2} \quad (n=1, 2, 3, \cdots)$$

となって, これは見事に講義2で高校物理から求めたエネルギー準位に一致する！(19ページ。そこでは, $\hbar$ の代わりに h を用いている。$\hbar = h/2\pi$ を代入してみよ。)◆

図11-4●講義2の高校物理で求めたものと同じエネルギー準位が出てくる。

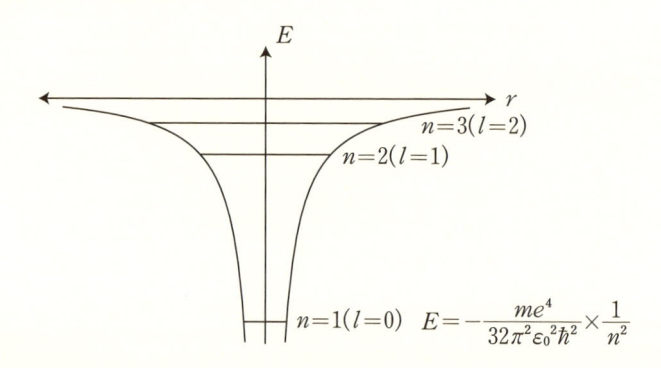

●確率密度関数

波動関数 R の(特別な)解,

$$R = r^l e^{-\frac{\sqrt{-2mE}}{\hbar}r}$$

が求まったところで, r 方向の確率密度関数を考えてみよう。

確率密度 P は, 波動関数の絶対値の2乗であったから(R は正の実数であるから),

$$P = R^2$$

である。

しかし，ちょっと待った。われわれが知りたいのは，電子が位置 r と $r+\mathrm{d}r$ の間にある確率である。それは単純に R^2 でよいだろうか。r は，デカルト座標ではなく球座標であることを忘れてはいけない。

話を明確にするために，電子の(空間的な)波動関数全体 $u(r, \theta, \varphi)$ の規格化を考えてみる。

$$u(r, \theta, \varphi) = AR(r)Y(\theta, \varphi)$$

とし，$Y(\theta, \varphi)$ については，すでに規格化されているとしよう。すなわち，係数 A は，$R(r)$ を規格化するための定数と考えればよい。

確率密度 P は，

$$P = u^*u$$

だから，u^*u を全空間にわたって積分したものは 1 でなくてはならない。変数は球座標だから，

$$\iiint u^*u r^2 \sin\theta \, \mathrm{d}r \mathrm{d}\theta \mathrm{d}\varphi = 1$$

である。ここで，θ と φ に関する積分は，Y がすでに規格化されているから，1 となる。よって，r の部分だけが残って，

$$\int_0^\infty |AR(r)|^2 r^2 \, \mathrm{d}r = 1$$

よって，

$$|A|^2 = \frac{1}{\int_0^\infty R(r)^2 r^2 \, \mathrm{d}r}$$

となる。規格化の係数が $R(r)^2 r^2$ を r で積分しているのだから，電子が r と $r+\mathrm{d}r$ の間にいる確率密度 P も，

$$R(r)^2 r^2$$

でなくては辻褄が合わない。

ようするに，電子が存在する場所は，半径 r が大きくなるにつれて，表面積 $4\pi r^2$ に比例して増えていくから，r と $r+\mathrm{d}r$ の間にある確率は，$R^2 r^2$ で考えなくてはいけないのである。

そこで，

$$\rho = R(r)^2 r^2$$

という関数を考える(規格化定数 A は，このさいどうでもよい)。

ρ のグラフは，R に r をかけて2乗したものだから，R そのものとよく似て，振動型ではない。つまり，$r=0$ と $r=\infty$ で $R=0$ で，その間のどこかに1つの山(極大値)があるはずである。

実習問題 11-1　$\rho = R^2 r^2$ の極大値を求める

動径方向の解，
$$R = r^l e^{-\frac{\sqrt{-2mE}}{\hbar}r}$$
の確率密度に r^2 をかけた関数，
$$\rho = R^2 r^2$$
が極大になる位置(すなわち電子が存在する確率がもっとも高い場所)を求めよ。

解答&解説　関数が極大値になる位置を求めるには，高校数学でもやるように，微分係数を0とすればよい。
$$\rho = R^2 r^2 = (r^l e^{-\alpha r})^2 r^2$$
$$= r^{(2l+2)} e^{-2\alpha r}$$
だから，
$$\frac{d\rho}{dr} = 2(l+1)r^{2l+1}e^{-2\alpha r} - 2\alpha r^{2l+2}e^{-2\alpha r} = 0$$
$2r^{2l+1}e^{-2\alpha r}$ を消去すれば，
$$l+1-\alpha r = 0$$
よって，
$$r = \boxed{\text{(a)}}$$

ここで，
$$\alpha = \frac{\sqrt{-2mE}}{\hbar}$$
$$E = -\frac{me^4}{32\pi^2 \varepsilon_0^2 \hbar^2} \times \frac{1}{(l+1)^2}$$
を代入すると，

図11-5 ● $\rho = R^2 r^2$ の極大は，素朴な波動論による軌道半径と一致する。

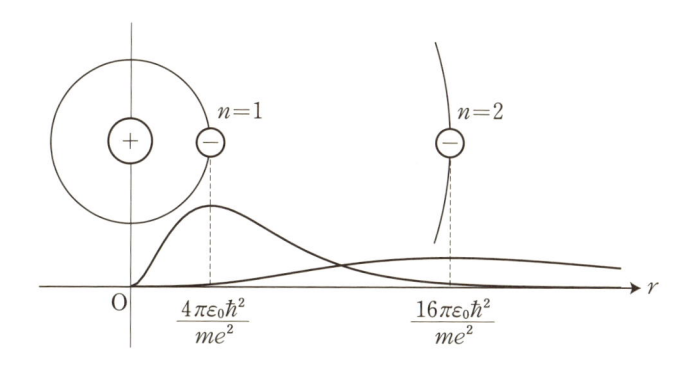

$n=1$ の円に対する横軸上の値: $\dfrac{4\pi\varepsilon_0 \hbar^2}{me^2}$

$n=2$ の円に対する横軸上の値: $\dfrac{16\pi\varepsilon_0 \hbar^2}{me^2}$

$$r = \boxed{\text{(b)}}$$

となり，$l+1=n$ だから，講義2の高校物理で求めた電子の軌道半径(18ページ)とぴたりと一致する！ ◆

　この一致は，素朴な波動論が量子力学の本質の一面を捉えていることの証(あかし)であろう。しかし，素朴波動論には限界もある。1つには，電子の軌道半径は決まっているのではなく，あくまで確率的なものである。さらに，上の一致は，ある1つのタイプの波動関数に関してだけ成立するもので，シュレーディンガー方程式の解には，それ以外のもの(振動型の解)も存在するのである。

　それでは次に，振動型も含めた一般的な場合を考察してみよう。

(a) $\dfrac{l+1}{\alpha}$　(b) $\dfrac{4\pi\varepsilon_0 \hbar^2}{me^2} \times (l+1)^2$

●ラゲールの陪多項式

　実習問題 11-1 では，R の波動関数として，山を 1 つだけもつ特別な解だけを考察した．振動型も含めた一般の解はどうなるのだろうか．

　残念ながら，直感的解法でそれらすべてを説明することはできない．ここでは，結果だけを紹介しておこう．それは，数学において**ラゲールの陪多項式**として知られる関数で与えられる．

　ラゲールの陪多項式は，（ルジャンドルの陪関数が 2 つの整数 m と l で決められたように），2 つの整数 l と n によって決まる多項式で，変数を x として，以下のような形で書ける（a はボーア半径）．

$$n=1, \quad l=0 : L(x) = -1 \qquad \left(x = \frac{2r}{a}\right)$$

$$n=2, \quad l=0 : L(x) = -2!(2-x) \qquad \left(x = \frac{r}{a}\right)$$

$$l=1 : L(x) = -3!$$

$$n=3, \quad l=0 : L(x) = -3!\left(3-3x+\frac{1}{2}x^2\right) \qquad \left(x = \frac{2r}{3a}\right)$$

$$l=1 : L(x) = -4!(4-x)$$

$$l=2 : L(x) = -5!$$

⋮

　ようするに，x の整数次の多項式（しかも規則性がある）だから，さほど複雑なものではない．x が 2 次なら，関数の値が 0 になる点が 2 つ，3 次なら 3 つというふうに増えていく（重根のときはそうはならないが）．その 0 になる点が，波動関数の節目となるわけである．

　整数 n と l の関係は，単純ではあるが，重要である．

　物理的には，n は電子のエネルギー準位を決定する数であり（それゆえ

主量子数と呼ぶ)，
$$n = 1, 2, 3, \cdots$$
である。

それに対して l は(その物理的意味は，電子の角運動量に関係することを次講で詳しく見る)，あるエネルギー準位 n の中に，n 個存在する。

具体的な数で表した方が明快であろう。たとえば，$n=3$ のエネルギー準位に存在する電子には，l に関して3つの状態がある。すなわち，
$$l = 0, 1, 2$$
の3つである。l はかならず0からはじまり，n より1つ少ない数まで存在する。l が $0, 1, 2$ のどれであろうと，そのエネルギー準位は $n=3$ で同じだから，前にも述べたが，エネルギー準位は**縮退**している。

前講で，θ と φ の解 Y が2つの整数 l と m で決まることを見た。たとえば，$l=2$ に対して，$m=0, m=\pm 1, m=\pm 2$ の5つの状態が縮退している。そんなわけだから，全体の波動関数 $u(r, \theta, \varphi) = R(r)Y(\theta, \varphi)$ は，3つの整数(量子数) n, l, m によって決められることになる。

問1 $n=1,2,3$ のエネルギー準位にある電子は，l および m すべてに関して，それぞれ何重に縮退しているか。

解答 すべてを書き下してみるのがよい。

$n=1$ のとき：$l=0, \ m=0$　　　1つ

すなわち縮退なし。

$n=2$ のとき：$l=0$ なら $m=0$　　　　　1つ
　　　　　　　$l=1$ なら $m=1,0,-1$　　3つ

で合計4重に縮退。

$n=3$ のとき：$l=0$ なら $m=0$　　　　　　　1つ
　　　　　　　$l=1$ なら $m=1,0,-1$　　　　3つ
　　　　　　　$l=2$ なら $m=2,1,0,-1,-2$　5つ

だから，合計9重に縮退している。◆

ついでに，先走ったことを述べておけば，これらの縮退はさらに2倍になる。というのも，電子には現在考えている波動関数以外に，**スピン**と呼ばれる内部構造があ

り，これが同じエネルギー準位に関して2つの状態をとれるからである(講義15で扱う)。そこで，$n=1$のときには2重の縮退，$n=2$のときは8重に縮退，$n=3$のときは18重に縮退ということになる。これが高校物理・化学の教科書の見開きに掲げられている元素の周期表において，第1周期の元素が2種，第2，第3周期の元素が8種，第4周期の元素が18種存在する理由である。

化学の分野などでは，慣用的に量子数lについて，$l=0$をs，$l=1$をp，$l=2$をd，…という記号で表し，主量子数nと組み合わせて，1s, 2s, 2p, 3s, 3p, 3d, …軌道などと呼ぶ。

たとえば，3d軌道にある電子のエネルギーは，スピンも含めて10重に縮退しているが，それは3d軌道に10個の電子が存在しうるということを意味する(ただし，1つの状態に1個の電子しか存在しないという条件のもとに。この条件は，**パウリの排他律**と呼ばれる)。

話を戻そう。動径方向の一般的な解は，ラゲールの陪多項式を$L(r)$と書いて，けっきょく，

$$R(r) = r^l L(r) e^{-ar}$$

という形で表される。

ラゲールの陪多項式の表を眺めると，面白いことに気づかれるであろう。多項式の次数が，nとlによって決まっているのである。

具体的にいうと，たとえば，$n=3$のとき，lは$0, 1, 2$の3つをとりうるが，

$l = 0$：2次式
$l = 1$：1次式
$l = 2$：0次式(すなわち定数)

となっている(他のnについても確かめられよ)。

そこで，lの値がもっとも大きい場合には，ラゲールの陪多項式はかならず定数になる。これが，実習問題11-1で取り上げた特別の場合なのである。

ラゲールの陪多項式では，その定数は，$-1, -3!, -5!, \cdots$と負の奇数の階乗で増えていくが(そしてそれはそれで面白いが)，波動関数に直したときには規格化されるから，定数の値は意味をなさなくなる。

ラゲールの陪多項式も含めた，波動関数 $R(r)$ の形と，その確率密度関数 $R(r)^2 r^2$ のおおよその形を図に掲げておこう。じっくり眺めて，そこから何がイメージできるか，楽しんで頂きたい（次講で，その直感的意味を明らかにする）。（さらに，θ 方向の解 $\Theta(\theta)$ の形（145 ページ，図 10-6）も併せて，想像をたくましくすれば，水素原子とはどのようなものなのかがイメージできてくるであろう。）

図11-6●波動関数 $R(r)$ の形　　**図11-7**●確率密度関数 $\rho = R(r)^2 r^2$

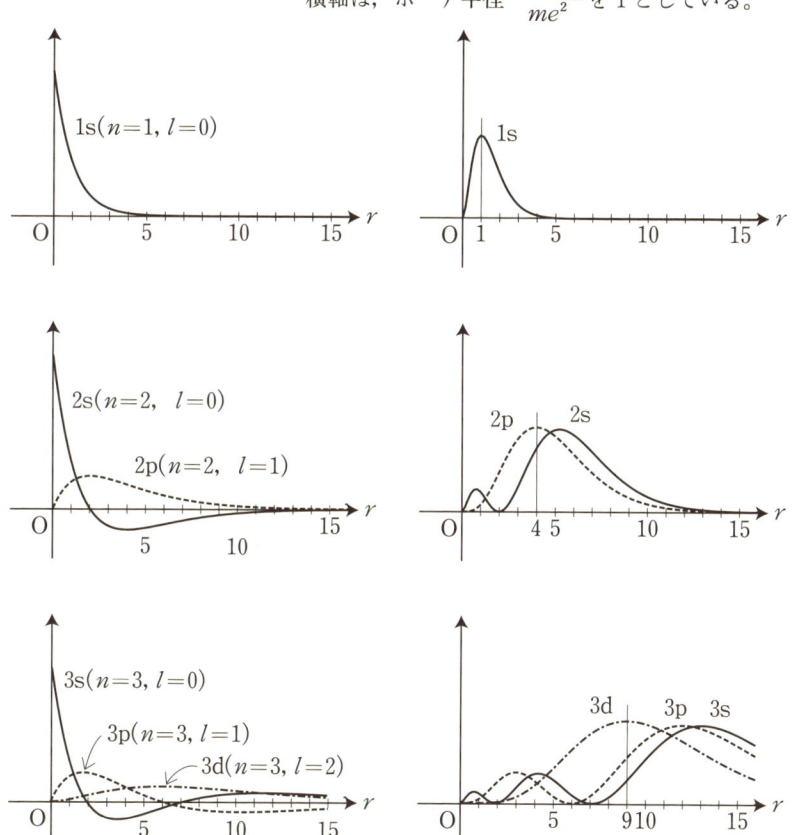

横軸は，ボーア半径 $\dfrac{4\pi\varepsilon_0 \hbar^2}{me^2}$ を 1 としている。

　r, θ, φ 方向のすべての解が出そろったところで，参考までに，規格化された解の完全な形を，$n=1, 2$ について紹介しておこう。講義 9, 10, 11 の結果をまとめ，全体を規格化したものである。余裕のある方は，$n=3$

以降についても，計算してみて頂きたい．

ボーア半径 $4\pi\varepsilon_0\hbar^2/me^2 = a$ としておく．

$$n=1,\ l=0,\ m=0 : u = \frac{1}{\sqrt{\pi}}\left(\frac{1}{a}\right)^{\frac{3}{2}} e^{-\frac{r}{a}}$$

$$n=2,\ l=0,\ m=0 : u = \frac{1}{\sqrt{32\pi}}\left(\frac{1}{a}\right)^{\frac{3}{2}}\left(2-\frac{r}{a}\right)e^{-\frac{r}{2a}}$$

$$l=1,\ m=0 : u = \frac{1}{\sqrt{32\pi}}\left(\frac{1}{a}\right)^{\frac{3}{2}}\frac{r}{a}e^{-\frac{r}{2a}}\cos\theta$$

$$m=\pm 1 : u = \frac{1}{\sqrt{64\pi}}\left(\frac{1}{a}\right)^{\frac{3}{2}}\frac{r}{a}e^{-\frac{r}{2a}}\sin\theta\ e^{\pm i\varphi}$$

講義 LECTURE 12 角運動量

　本講では，水素原子における電子の波動関数に登場した整数 l，および m について考察を深めたい。

　主量子数 n の意味は明快で，それは電子のエネルギー準位を決定づけるものであった。すなわち，クーロン・ポテンシャルに囚われた電子は，離散的なエネルギーしかとりえず，それは主量子数 n によって，

$$E = -\frac{me^4}{32\pi^2\varepsilon_0^2\hbar^2} \times \frac{1}{n^2} \quad (n=1, 2, 3, \cdots)$$

で表されるのであった。

　それに対して，整数 l や m はエネルギー準位の中に現れないから，直接，エネルギーに関係する量ではなさそうである。

　しかし，かといって，エネルギーとまったく無関係でもない。というのも，l や m は自由にいくらでも大きくなれるわけではなく，l は $n-1$ 以下であり，m の絶対値は l 以下だという制約があるからである。いったい，この l や m は，物理的には何を意味するのであろうか。

● $x = Rr$ という波動関数を考えてみる

　l の意味を知るために，ちょっと面白い操作をしてみよう。

　前講で，動径方向の波動関数 R が，r と $r+dr$ の間に存在する確率を求めるためには，

$$\rho = R^2 r^2$$

とするのが妥当であることを見た。r^2 をかけるのは，r が球座標であって，その微小体積 dV が，

$$dV = r^2 \sin\theta \, dr d\theta d\varphi$$

であることによるのであった。そこで，わざと，

という波動関数を考えてみる。そうすると，χ の確率密度関数は，
$$|\chi|^2 = |R|^2 r^2$$
となって，球座標であるがゆえの r^2 が，χ の中に含まれていることになる。言い換えると，$\chi = Rr$ を波動関数とみなせば，変数 r は球座標ではなくデカルト座標とみなせるということである。すなわち χ は，講義7で見た1次元の波動関数と同じに扱える。

問1 前講で検討した，電子の動径方向のシュレーディンガー方程式（ポテンシャル・エネルギーを一般的に $V(r)$ としてある），
$$\frac{\mathrm{d}}{\mathrm{d}r}\left(r^2 \frac{\mathrm{d}R}{\mathrm{d}r}\right) + \left[\frac{2mr^2}{\hbar^2}(-V(r)+E) - l(l+1)\right]R = 0$$
を，$\chi(r) = R(r)r$ として，χ の微分方程式に書き換えよ。

解答 $R = \chi/r$ を，方程式に直接代入すればよい。
$$\frac{\mathrm{d}R}{\mathrm{d}r} = \frac{\mathrm{d}\left(\frac{\chi}{r}\right)}{\mathrm{d}r} = \frac{\left(r\frac{\mathrm{d}\chi}{\mathrm{d}r} - \chi\right)}{r^2}$$
だから，
$$\frac{\mathrm{d}}{\mathrm{d}r}\left(r\frac{\mathrm{d}\chi}{\mathrm{d}r} - \chi\right) + \left[\frac{2mr^2}{\hbar^2}(-V(r)+E) - l(l+1)\right]\frac{\chi}{r} = 0$$
さらに微分を実行し，第1項の $\mathrm{d}^2\chi/\mathrm{d}r^2$ の係数を1にすれば，
$$\frac{\mathrm{d}^2\chi}{\mathrm{d}r^2} + \left[\frac{2m}{\hbar^2}(-V(r)+E) - \frac{l(l+1)}{r^2}\right]\chi = 0 \quad \cdots\cdots(答) \qquad \blacklozenge$$

●遠心力のポテンシャル

上の表記を，さらにシュレーディンガー方程式の原点に戻って書き換えてみよう。すなわち，もともとの形に直せば，
$$-\frac{\hbar^2}{2m}\frac{\mathrm{d}^2\chi}{\mathrm{d}r^2} + \left[V(r) + \frac{\hbar^2 l(l+1)}{2mr^2}\right]\chi = E\chi$$
この式を，講義7の，ポテンシャル $V(x)$ における1次元の（時間を含まない狭義の）シュレーディンガー方程式と比べて頂きたい（96ページ）。
$$-\frac{\hbar^2}{2m}\frac{\mathrm{d}^2 u}{\mathrm{d}r^2} + V(x)u = Eu$$

変数が r か x はどうでもいいことだから（すでに見たように，r はデカルト座標とみなせる），方程式の違いは，ポテンシャルの部分が，$V(x)$ の代わりに，

$$V(r)+\frac{\hbar^2 l(l+1)}{2mr^2}$$

となっている点だけである。χ の方程式には，なぜ $\hbar^2 l(l+1)/2mr^2$ という余分な項がついているのであろうか。

これを $V(r)$ と同様にポテンシャルの一種と考えれば（クーロン引力の場合に $V(r)$ は負であるが，$\hbar^2 l(l+1)/2mr^2$ は正だから，斥力のポテンシャルだとみなせる。

図12-1●回転する電子には遠心力が働く。

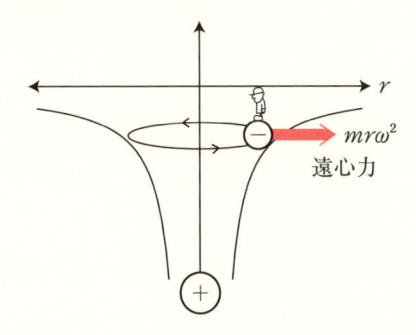

古典粒子の場合に，このような斥力ポテンシャルが存在する理由を考えれば，はたと，円運動における遠心力だと気づく。3次元的に z 軸方向を軸として回転している粒子には，その粒子に乗った立場で見ると，動径外向きに，$mr\omega^2$ の遠心力が見えることは，高校物理の力学ですでにおなじみである。

すなわち，座標 r をあたかも1次元のデカルト座標のように扱っても，じっさいの粒子は回転という3次元的な運動をしているため，遠心力によるポテンシャルが方程式に現れてくるのである。

（1次元の）ポテンシャル $\psi(r)$ と力 $f(r)$ の間の関係は，一般的に，

$$f(r)=-\frac{\mathrm{d}\psi(r)}{\mathrm{d}r}$$

であるから，遠心力 f の大きさは，

$$f = -\frac{\mathrm{d}}{\mathrm{d}r}\left[\frac{\hbar^2 l(l+1)}{2mr^2}\right] = \frac{\hbar^2 l(l+1)}{mr^3}$$

となる。

> **演習問題 12-1　遠心力と角運動量の関係**
>
> x-y 平面上を半径 r で等速円運動している質量 m の粒子を考えたとき，この粒子が受けている遠心力の大きさ f と，角運動量の大きさ L の間の関係式を求めよ。
>
> 図12-2
>
> また，その関係式と波動関数 χ に関する方程式より推測して，量子論における角運動量が，整数 l で決まる離散的な値をとることを示せ。

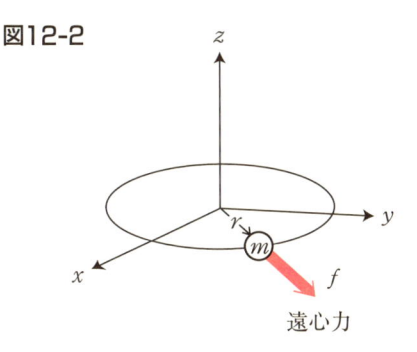

解答&解説　粒子の速さを v とすると，遠心力の大きさ f は，

$$f = m\frac{v^2}{r}$$

また，角運動量は（この場合，z 軸方向を向くが），

$$\boldsymbol{L} = \boldsymbol{r} \times m\boldsymbol{v}$$

であり，その大きさ L は，

$$L = rmv$$

である。よって，上の2つの式から v を消去すると，

$$f = \frac{L^2}{mr^3} \quad \cdots\cdots(答)$$

図12-3●角運動量 $L = r \times mv$

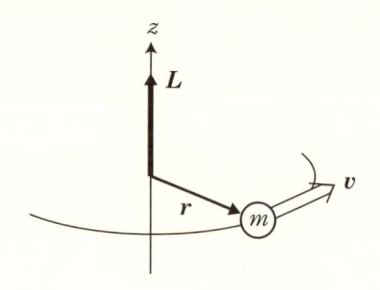

という関係を得る。

次に，χ に関するシュレーディンガー方程式より導かれた遠心力 f と，上の問いの遠心力 f を比べてみよう。先の議論で，

$$f = \frac{\hbar^2 l(l+1)}{mr^3}$$

であったから，

$$L^2 = \hbar^2 l(l+1)$$

あるいは，

$$L = \hbar\sqrt{l(l+1)} \quad \cdots\cdots (答)$$

という関係が予測される。つまり，整数 l は電子の角運動量に関係する量子数となっている。◆

●確率密度 $R^2 r^2$ と角運動量の関係

ここで，前講の最後に掲げた動径方向の確率密度の図を再度，見て頂こう。たとえば，$n=3$ の場合の図を再掲する。この図からいろいろなことが読み取れるのである。

図12-4●$n=3$ の場合の確率密度 $R^2 r^2$（図11-7）

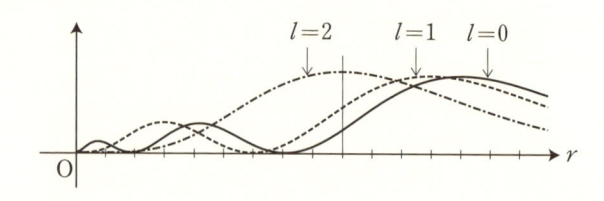

図には，$l=0, 1, 2$ の 3 つの確率密度関数が描かれているが，それぞれは，角運動量が，

$$L = 0 \quad (l=0)$$
$$L = \hbar\sqrt{2} \quad (l=1)$$
$$L = \hbar\sqrt{6} \quad (l=2)$$

に対応している。

まず，角運動量が 0 とは，古典的にいえば回転していないということである。クーロン引力のポテンシャルの中で，粒子が回転していなければ，古典的には粒子は中心に落ちてしまうであろう。ところが，波動関数ではそうならないところが面白い。

l が 0 のとき，もう 1 つの量子数 m もまた 0 である。このときの θ と φ 方向の解を覚えておられるであろうか(講義 9，10)。それは，θ 方向にも φ 方向にも振動しない，完全な球対称の解であった。つまり，波動関数は陽子の周りに球殻を作って，じっとしているのである(とはいえ，時間的には膨れたり縮んだりしている)。ただし，いまは $n=3$ のエネルギー準位で考えているから，もっとも安定な基底状態($n=1$)ではないことに注意しよう。

次に，l が $1, 2$ となるにつれて，確率分布の極大が中心に(r の小さな方へ)移動していくのが分かるであろう。角運動量をもてば半径 r は大きくなりそうな気がするが，そうではない。われわれはいま，$n=3$ という同じエネルギー準位の波動関数を比べていることを思い起こそう。同じエネルギーをもったまま角運動量を大きくすると，その軌道の(平均の)高さは逆に低くなるのである。

納得のいかない方のために，地球の周りを一定のエネルギーをもって運動する人工衛星を考えてみよう。

角運動量 0 の状態は，回転しない往復運動(単振動のようなもの)である(ただし，じっさいにはこのような運動をしたとき，人工衛星は地球にぶつかってしまうが，人工衛星の軌跡の部分だけ地球をくりぬいておけばよい)。

このとき，人工衛星の軌道は，速さが 0 になる高さまで達する。

ところが，たとえばある角運動量をもって円運動している人工衛星を考えると，人

図12-5 全エネルギーが同じなら，角運動量が0のときの方が(平均)の軌道は高くなる。

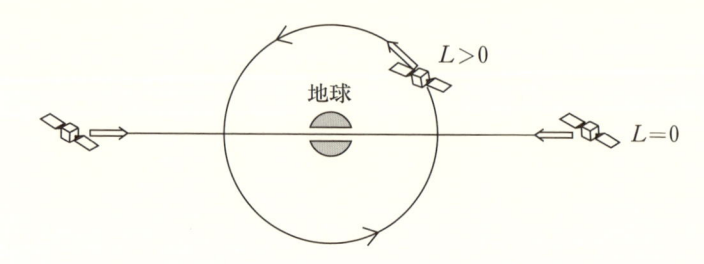

人工衛星は一定の運動エネルギーをもつため，速さ0の軌道まで到達することができない。すなわち，この場合，角運動量0の人工衛星より低い軌道を飛ぶことになる(正確には，角運動量0で往復運動する人工衛星の軌道の平均の高さを求めなければいけないが)。

図12-4からは，角運動量が0のときには，r方向の節の数がもっとも多く，角運動量が大きくなるにつれて，振動の節が減っていくことも読み取れる。古典的な軌道でいえば，円軌道のときにr方向の波打ちがないということであるが，明確な直感的理解は困難である。

● l と m の関係

さて，電子がもつ角運動量は，エネルギーと同様，跳び跳びの値をとることは分かったが，なぜ，

$$L = \hbar\sqrt{l(l+1)}$$

という妙な値をとるのだろう？

エネルギーは，

$$E = -\frac{E_0}{n^2}$$

と，整数nの2乗に反比例する。角運動量もまた，lとかl^2に比例すれば話は分かるのだが……。

それについての，重要な直感的イメージを喚起しておこう。

そのためには，3つ目の量子数m(電子の質量ではなく，整数)が何であるかを知っておかねばならない。

結論をいえば，整数 m は，電子の角運動量の z 成分を決めるのである。正確に書けば，
$$L_z = m\hbar \quad (m=0, \pm 1, \cdots, \pm l)$$
である(どうしてそう書けるのかは，講義13や付録2の角運動量の項を参照のこと)。

全角運動量 L と，その1成分である L_z との関係は，式や言葉で表すよりも，図で描くのがもっとも分かりやすい。(じつは，座標軸は自由に選べるから，これは本来は L_x でも L_y でも構わない。ただ1成分というところがポイントである。)

$l=1$ の場合を，次図に描いた。

図12-6●全角運動量 L とその z 成分 L_z の関係

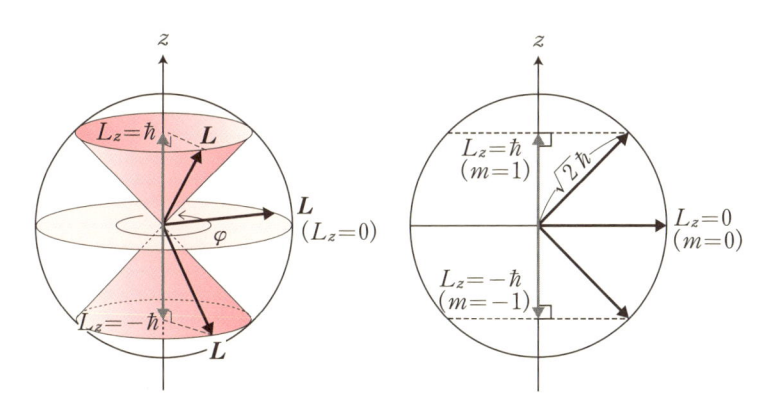

立体的なイメージ
L は φ 方向には不確定である。

$m=0$ のときは，$L_x^2 + L_y^2 = L^2 = 2\hbar^2$
$m=\pm 1$ のときは，$L_x^2 + L_y^2 = \hbar^2$

$l=1$ のとき，m は $1, 0, -1$ の3通りだから，L_z は，$\hbar, 0, -\hbar$ のどれかをとりうる。$\hbar$ を単位として，上向きに1のベクトルか，0か，下向きに1のベクトルのどれかである。それに対して，全角運動量 L の大きさは，$\hbar\sqrt{l(l+1)} = \sqrt{2}\hbar$ であるが，どの方向を向いているかは分からないので，半径 $\sqrt{2}\hbar$ の球を描いておく。

三平方の定理より，つねに，
$$L^2 = L_x^2 + L_y^2 + L_z^2$$
が成立するから，$L_z=\hbar$ なら，L のベクトルは，その z 成分が $\hbar$ であるような，円錐上に並ぶベクトルのどれかである。しかし，この表現はあ

まり正しくない。Lのベクトルは特定の方向を向いているのではなく，z成分以外はまったく不確定になるのである。

　角運動量Lの次元は，プランク定数と同じ「作用」の次元である（なぜなら，角運動量＝長さ×運動量だから）。それゆえ，角運動量と相補的な関係をもつ物理量は，次元のない角φとなり，Lとφの間に不確定性原理が成立する。それゆえ，角運動量の大きさLを確定すると，（L_zは確定できるが，）それに直角な角φはまったく不確定になるのである。

　はっきりいえることは，全角運動量のベクトルがz方向を向くことはけっしてない。図からも分かるように，L_zの長さは1なのに，Lの長さは$\sqrt{2}$だからである。

　さて，以上のような図形的イメージから，全角運動量Lが$\hbar\sqrt{l(l+1)}$となる理由を考えてみることにしよう。

●量子力学を創った人々

ハイゼンベルク (1901-1976)

実習問題 12-1 　全角運動量はなぜ $\hbar\sqrt{l(l+1)}$ となるか

水素原子における電子の角運動量の z 成分 L_z が，整数を m として，
$$L_z = m\hbar$$
という離散的な値をとるとき，電子の全角運動量の大きさ L は，$|m|$ の最大値を l として，どのような値をとる可能性があるか．

解答&解説　全角運動量の大きさ L と，その成分 L_x, L_y, L_z の間には，
$$L^2 = (L_x{}^2 + L_y{}^2) + L_z{}^2$$
という関係があるから，
$$L^2 \geq (L_z \text{の最大値})^2 = (l\hbar)^2$$
である．もし，$L^2 = (L_z\text{の最大値})^2$ が成立すると，$L_x{}^2 + L_y{}^2 = 0$ となって，$L_x = L_y = 0$ が確定してしまう．そうすると，$L = l\hbar$，$L_x = 0$，$L_y = 0$，$L_z = l\hbar$ と，角運動量のすべての成分が確定し，不確定性原理に反することになるので，まずいのである（ただし，$L_x = L_y = L_z = 0$ の場合だけは，角運動量がまったくない状態なので，例外的にありうる）．なぜ角運動量のすべての成分が確定しえないかは，講義 14 で数学的に明らかとなる．

次に，
$$L^2 \geq (L_z \text{の最大値} + 1)^2 = ((l+1)\hbar)^2$$
ということは，起こりえない．なぜなら，そのような場合には，
$$L_z = (l+1)\hbar$$
という解がかならず存在するからである（$l=2$ の場合について次ページに図示した．この図は，じっさいにはありえない様子を描いている点に注意）．これでは L_z の最大値が $l\hbar$ という仮定に反してしまう．

そこでけっきょく，
$$(l\hbar)^2 < L^2 \leq \boxed{\text{(a)}}$$
でなくてはならない．いま，
$$L^2 = x\hbar^2$$

図12-7● もし L が $3\hbar$ より大きいと，$L_z = 3\hbar$ という解がかならず存在する。すなわち，$l=2$ のときには，L はかならず $(l+1)\hbar = 3\hbar$ 以下でなくてはならない。

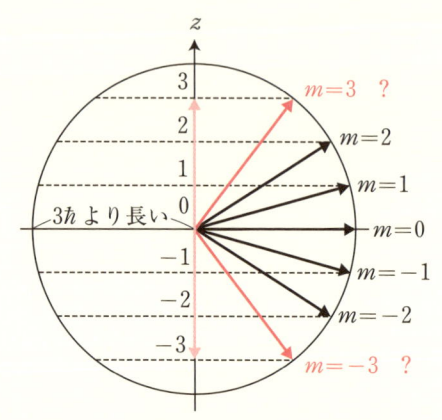

($l=2$ では，このようなことは起こらない)

と書けば，不等式，

$$l^2 < x \leq (l+1)^2$$

をみたす整数 x を求めればよいことになる。さらに，

$$x = l^2 + \alpha$$

とおけば，不等式は，

$$0 < \alpha \leq 2l+1$$

となる。任意の正の整数 l について，上の不等式が成立するには，

$$\alpha = l \text{ または } \alpha = 2l$$

という答えが考えられる(他の場合も考えられなくはないが，省略する)。このとき，

$$x = l^2 + l = l(l+1) \text{ または } x = l^2 + 2l = l(l+2)$$

すなわち，

$$L^2 = l(l+1)\hbar^2 \text{ または } L^2 = \boxed{\text{(b)}} \quad \cdots\cdots(答)$$

となる($l=1$ のときについて次ページに図示した。ただし，赤色の解は現実には存在しない)。◆

(a)　$((l+1)\hbar)^2$　　(b)　$l(l+2)\hbar^2$

図12-8● $l=1$ のとき，図からは $L=\sqrt{2}\hbar$ と $\sqrt{3}\hbar$ の2つの可能性があることが分かる．しかし，じっさいには $L=\sqrt{3}\hbar$ (赤色) は存在しない．

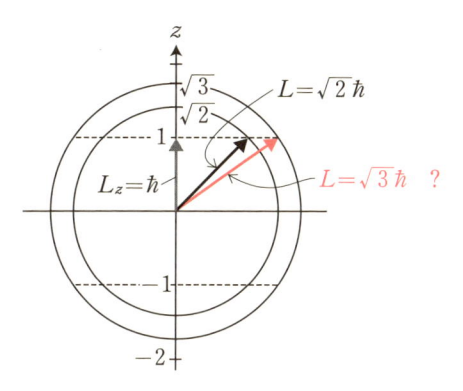

しかし，じっさいには，
$$L^2 = l(l+1)\hbar^2$$
だけが解である．$l(l+2)\hbar^2$ の解がなぜ排除されるのかは，上の考察だけからは分からない．講義10で見たように，ルジャンドルの微分方程式を解いてはじめて明らかになることである．しかし，上の直感的考察は，少なくとも正しい解を，1つの可能性として与えてくれるのである．

ということで，$l=2$ の場合のじっさいの様子は次図の通りである．

図12-9● $l=2$ のときの $\bm{L}$ と L_z

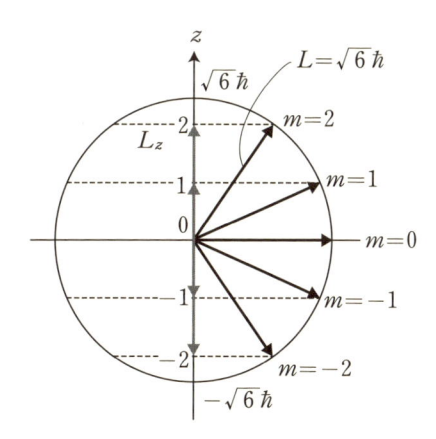

このとき，L_z は，$2\hbar, \hbar, 0, -\hbar, -2\hbar$ の 5 つをとりうるが，それに対応して，それぞれ傾きの違う長さ $\sqrt{2(2+1)}\hbar = \sqrt{6}\hbar$ の L のベクトルが描ける。

$\sqrt{l(l+1)}$ は，けっして整数の 2 乗にはならないから，l の値がいくらであれ，全角運動量ベクトルは，その z 成分に対してかならず傾いている。

● $\psi = e^{\pm ikx}$ との類似性

講義 9 で，φ 方向の波動関数 Φ は，規格化定数を別にして，
$$\Phi = e^{\pm im\varphi}$$
と書けることを見た。そして，この波動関数から導かれる確率密度関数は，m の値にかかわらず，つねに，
$$\Phi^* \Phi = 1$$
であった。これは（φ のあらゆる方向で確率が同じということだから），角運動量の φ 方向の位置がまったく不確定であることに対応している。

ちょうど，運動量が $\hbar k$ という確定した値をもつ粒子の波動関数 ψ を，
$$\psi = e^{\pm ikx}$$
と書いたとき，この粒子の位置がまったく不確定になり，それと呼応して，確率密度が，
$$\psi^* \psi = 1$$
となるのと，まったく同様である。

●波動関数 Θ と角運動量の関係

講義 10 で見た θ 方向の確率密度関数 $|\Theta|^2$ の形と，角運動量の向きを比べてみるのも面白い（145 ページ，図 10-6）。たとえば $l=1$ の場合，$m=0$ は角運動量ベクトルが x-y 平面上にあることを意味するが，これは古典的には，電子が「南北」方向に回転していることを意味する。このとき，$|\Theta_1^0|^2$ の形は，確かに「南北」に拡がっている。

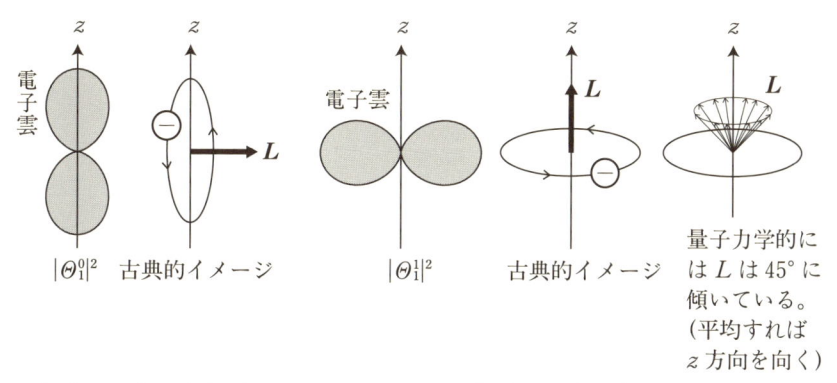

図12-10 $l=1, m=0$ のイメージと $l=1, m=1$ のイメージ

| $|\Theta_1^0|^2$ | 古典的イメージ | $|\Theta_1^1|^2$ | 古典的イメージ | 量子力学的には L は $45°$ に傾いている。（平均すれば z 方向を向く） |

$l=1, m=0$ のイメージ　　　　$l=1, m=1$ のイメージ

　また，$m=1$ は角運動量ベクトルが z 軸を向くが，これは古典的には，電子が「赤道」面を回転していることを意味し，それに呼応して $|\Theta_1^1|^2$ の形は，「赤道」方向に拡がっている（じっさいには，全角運動量は z 軸を向かず，$45°$ 傾いた円錐の中に不確定なまま存在するが，平均すれば z 軸を向く）。

　$l=2$ の場合についても同様の関係を見ることができる（各自，図10-6を見ながらイメージされたし）。

　もちろん，このような直感的方法によって，すべてを説明できるわけではない。しかし，量子論における角運動量は，古典的なイメージと整合性がとれていることは確認できるであろう。

● *l* と *m* のまとめ

　本講の目的は，量子数 l と m の意味を探ることであった。

　けっきょく，l は $\sqrt{l(l+1)}\hbar$ によって電子の全角運動量を決定するから，**角運動量量子数**と呼ばれる。m は，角運動量の z 成分を決定するが，これは原子に磁場をかけたときに区別されるので，**磁気量子数**と呼ばれる。シュテルンとゲルラッハが，磁場の中に銀の原子を通過させ，それによって，原子の z 方向の角運動量が離散的な値しかとらないとい

うことを実証した実験 (1922 年) は，あまりにも有名である．

　そんなわけで，クーロン・ポテンシャルに囚われた電子の波動関数の追求から，われわれは電子の量子的な角運動量という概念にまで到達したのだが，最後にちょっとふれたように，ここにも不確定性原理が顔を出した．

　$\Phi = e^{\pm im\varphi}$ と $\psi = e^{\pm ikx}$ の関係は，あまりにもよく似ている．

　いよいよ，われわれは量子力学の本質に近づいてきたようである．次講では，量子力学の(おおまかではあるが)数学的構造について概観してみる．そして，それは，量子力学の哲学的本質へと迫る考察でもあるのである．

講義 LECTURE 13
量子力学の構造1
―― 演算子・固有値・固有関数 ――

　前講までで，われわれは，水素原子に関するシュレーディンガー方程式を解くという，量子力学の大きな目標をある程度達した。この後，ヘリウム原子など複数の電子を含む原子ではどうなのか，あるいは，ポテンシャルに囚われず，遠方から飛んできて散乱される電子をどう扱うかなど，さまざまな具体的問題が残されている。しかし，それらはすべてテクニカルな問題であり，読者諸氏は必要に応じて，より専門的なテキストを読まれればよいだろう。シュレーディンガー方程式については，本書で十分に理解されたのだから，自信をもって応用問題に取り組まれればよい。

　さて，それではシュレーディンガー方程式を理解すれば，量子力学を理解したことになるのかといえば，じつはそうではない。シュレーディンガー方程式は，あくまで1つの手段なのであって，この世界の量子力学的な構造は，もっと奥深いところにあるのである。

　本講以降は，このような量子力学の本質に関する事柄を，全体像をイメージしながらお話しすることにしよう。難しい問題を解くのが目的ではない。あくまで量子力学的世界の面白さを垣間見ようということである。

● 固有値方程式としてのシュレーディンガー方程式

　これまで，いろいろ形を変えたシュレーディンガー方程式を解いてきたが，それらに共通した形式があることに，賢明な読者諸氏はお気づきであろう。

　多くの場合，シュレーディンガー方程式は，変数分離することによって解けたのである。

たとえば，講義9において，シュレーディンガー方程式を時間と空間に分離することによって生じた2つの方程式は，次の通りである(空間は3次元にしておく)。

$$i\hbar \frac{\mathrm{d}f(t)}{\mathrm{d}t} = Ef(t)$$

$$-\frac{\hbar^2}{2m}\nabla^2 u(r,\theta,\varphi) + V(r,\theta,\varphi)u(r,\theta,\varphi) = Eu(r,\theta,\varphi)$$

この時間と空間の分離において現れた定数 E は，粒子のエネルギーという重要な物理量であった(境界条件を解くことによって，その値が求まる)。

つづいて，u を動径方向 r と角度方向 θ, φ に分離したときには，$\lambda(=l(l+1))$ という定数が現れたが，これは電子の角運動量を決める重要な物理量であった。波動関数 Y を求める式は，

$$-\hbar^2\left[\frac{1}{\sin\theta}\frac{\partial}{\partial\theta}\left(\sin\theta\frac{\partial Y}{\partial\theta}\right) + \frac{1}{\sin^2\theta}\frac{\partial^2 Y}{\partial\varphi^2}\right] = \hbar^2 l(l+1)Y$$

である。ついでに書けば，φ 方向に関しては，

$$-\hbar^2\frac{\mathrm{d}^2\Phi}{\mathrm{d}\varphi^2} = \hbar^2 m^2 \Phi$$

で，定数 m は角運動量の z 成分を決める。

講義9, 10の方程式に対して，上の式は両辺に定数 $-\hbar^2$ をかけている。そうすることによって，右辺の定数が角運動量 L の2乗やその z 成分 L_z の2乗そのものになっていることに注目されたし。

ところで，以上に掲げた4つの微分方程式は，すべて次のような構造をもっている。

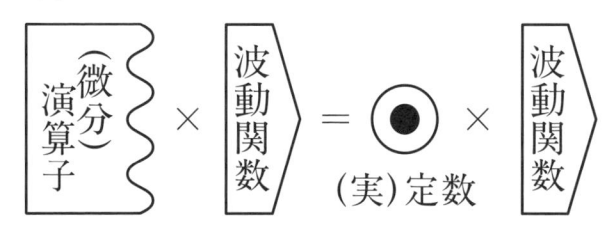

$$\left\{\begin{array}{c}(微分)\\演算子\end{array}\right\} \times \left|\begin{array}{c}波\\動\\関\\数\end{array}\right\rangle = \bullet_{(実)定数} \times \left|\begin{array}{c}波\\動\\関\\数\end{array}\right\rangle$$

このような形式の方程式は，数学では**固有値方程式**という名でよく知られたものである。演算子というのは(微分形式に限らない)，いわば「ち

ゅうぶらりん」状態の「何か」であり，この方程式を解くと，「ちゅうぶらりん」状態から，ある定まった定数が導かれる。この定数は**固有値**と呼ばれ，この固有値が定まるためには，波動関数の形は当然ながら特別のものでなければならない。この特別の解を，**固有関数**と呼ぶ。

20世紀前半の物理学者たちは，この方程式の形式に出会うたびに，ここに量子的世界のしくみが隠されていると感じるようになったのである。

現実に存在するある粒子が，たとえ観測されていなくても，ある位置に存在し，ある運動量をもち，ある角運動量をもち，あるエネルギーをもつということは，自明のように思える。古典的な物理学は，そのようなことを疑いようのない事実として理論を組み立てる。

しかし，量子力学に現れる固有値方程式は，その常識を覆すようなことを物語っているのである。すなわち，

> ある粒子に付随する(位置，運動量，角運動量，エネルギーといった)すべての物理量は，観測されるまでは「幽霊的」な存在である(観測しないから分からないのではなく，本質的に実在しないのである)。そこで，それらの物理量を「ちゅうぶらりん」の演算子として表現しておく。しかし，何らかの方法でその粒子に関するある物理量を観測すると，それは確定した値(実数の固有値)をとって現れる。ただし，観測ごとに同じ確定値が得られるとは限らない(つねに同じ観測値になることも，もちろんあるが)。観測値は確率的なものであり，その確率を決めるものが，波動関数である。

以上が，固有値方程式が語る量子力学的真理である。

● 演算子

物理量を演算子と対応させるということについては，講義5の最後(69ページ)においてちょっと話題にした。そのことを，いまはより鮮明に宣言しようというのである。冒頭に掲げた4つの方程式から，われわれは次のような演算子を得る。

(演算子の一般表現として，表記の頭に「＾」という記号をつけておく

ことにする。)

$$i\hbar\frac{\partial}{\partial t} \to \text{エネルギー演算子 } \hat{H}$$

$$-\frac{\hbar^2}{2m}\nabla^2 + V \to \text{エネルギー演算子 } \hat{H}$$

$$-\hbar^2\left[\frac{1}{\sin\theta}\frac{\partial}{\partial\theta}\left(\sin\theta\frac{\partial}{\partial\theta}\right) + \frac{1}{\sin^2\theta}\frac{\partial}{\partial\varphi^2}\right]$$
$$\to \text{全角運動量の2乗演算子 } \hat{L}^2$$

$$-i\hbar\frac{\partial}{\partial\varphi} \to \text{角運動量の } z \text{ 成分の演算子 } \hat{L}_z$$

固有関数は，一般にさまざまな変数を含む可能性があるから，微分記号はすべて偏微分にしてある。また，角運動量の z 成分の演算子に関しては，もとの方程式の右辺が $L_z{}^2$ なので，1階の演算に戻してある。

また，講義5でも見た，

$$E = \frac{p^2}{2m} + V$$

と，エネルギー演算子の比較により，

$$-i\hbar\frac{\partial}{\partial x} \to \text{運動量(の } x \text{ 成分)の演算子 } \hat{p}_x$$

という重要な演算子も得る。

これは

$$p_x{}^2 = -\hbar^2\frac{\partial^2}{\partial x^2} = \left(-i\hbar\frac{\partial}{\partial x}\right)\left(-i\hbar\frac{\partial}{\partial x}\right)$$

より，

$$p_x = -i\hbar\frac{\partial}{\partial x}$$

とみなすのである。ただし，マイナスをつけるのは，講義5 (73ページ)でも述べたように，慣用的なものである。

さて，上に掲げた演算子において，エネルギー演算子が2種類あるが，この意味を明らかにしておこう。

図13-1●立体的なオブジェは見る角度によってさまざまな見え方をする。

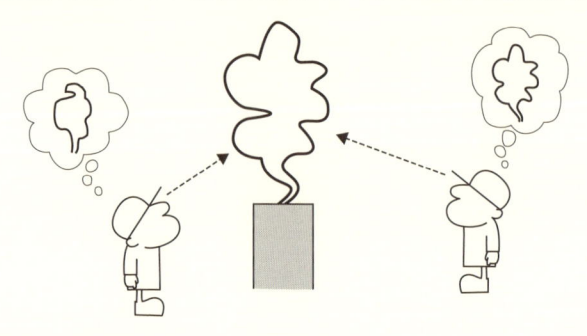

　ある物理量の演算子表現は，唯一ではないのである。「幽霊的」演算子は，どのような「切り口」で見るかによって，違って見える。正確なたとえではないが，立体的なオブジェは，見る角度によって，さまざまな見え方をするであろう。

　エネルギー演算子は，その「基底」を時間においたとき，言い換えると「t 空間」で見たとき，

$$\hat{H} \to i\hbar \frac{\partial}{\partial t}$$

という演算子になり，その「基底」を3次元空間においたとき，言い換えると「r 空間」で見たとき，

$$\hat{H} \to -\frac{\hbar^2}{2m}\nabla^2 + V$$

という演算子になるのである。

● x 空間と p 空間

　ここで，もっとも頻繁に引き合いに出される，位置と運動量の演算子について説明しておこう（簡単のため，空間は x のみの1次元としておく）。

　運動量の演算子は，

$$\hat{p} \to -i\hbar \frac{\partial}{\partial x}$$

だとしたが，これはあくまで「x 空間」で見た表現である。「x 空間」においては，位置 x は「幽霊」ではなく，「実体」がある。それゆえ，「x 空

間」における位置の演算子は，
$$\hat{x} \to x$$
で，x そのものである。

しかし，われわれは位置と運動量を，運動量を「基底」とした，「p 空間」で見ることもできるのである。このとき，（証明は比較的簡単にできるが，ここでは省く），
$$\hat{p} \to p$$
$$\hat{x} \to i\hbar \frac{\partial}{\partial p}$$
という演算子を得る。この「p 空間」における固有値方程式を解けば，固有関数，
$$\phi(p)$$
を得るが，この $\phi(p)$ が意味することは，その粒子の運動量が p と $p+\mathrm{d}p$ の間にある確率 P が，
$$P = \phi(p)^* \phi(p)$$
であるということである。

つまり，前講まででは，われわれは波動関数といえば，電子の「雲」の拡がりをイメージさせる，空間的な分布を示すものだと考えてきた。しかし，それは量子力学的世界の一面にすぎない。「p 空間」の表現で求まる波動関数は，もはや電子の位置的な「雲」の拡がりではなく，運動量の「雲」の拡がりなのである（とはいっても具体的にイメージはできないが）。

● 波動関数は量子系のすべての情報を含む

次に，もう1つ重要なお話をしておこう。

われわれは，ずっと「x 空間」における波動関数 $\psi(x)$ を話題にしてきた（本当は3次元空間だが，簡単のため x だけの1次元としている）。

しかし，「p 空間」やその他，さまざまな空間で見た波動関数があるのだとしたら，これからそれらすべてについて学んでいかねばならないのか，とうんざりされるかもしれない。しかし，ご安心あれ。興味があれ

ば，「p空間」やその他の「空間」を持ち出して構わないが，「x空間」だけで話を済ますこともできるのである。

言い換えると，これは非常に重要なことであるが，「x空間」で見た波動関数 $\psi(x)$ は，その中に粒子の全情報を含んでいるのである。立体的なオブジェを見るときには，ある角度で見た像はオブジェの情報の一部しか含んでいない（裏側が見える道理がない）。ところが，「x空間」から見た波動関数 $\psi(x)$ には，裏側の情報も含まれているのである（ピカソの絵のようなものだろうか）。

それが証拠には，$\psi(x)$ が分かっていると，粒子の位置だけではなく，運動量やエネルギーや，すべての物理量が計算できるのである。

● 物理量の期待値とゆらぎ

「x空間」の波動関数 $\psi(x)$ から，いろいろな物理量を計算することを考えてみよう。

量子力学的な観測では，同じ状態にある粒子であっても，物理量の観測値は統計的にばらつく（ことがある）。それゆえ，具体的な計算をする前に，われわれは統計学の基礎知識を知っておかねばならない（とはいえ，中学，高校レベルである）。

まずは，平均点を求める問題から。

問1 10人のクラスで10点満点の試験をしたところ，その得点分布は次の表のようであった。このクラスの試験の平均点を求めよ。

0点	1点	2点	3点	4点	5点	6点	7点	8点	9点	10点
0人	0人	0人	1人	1人	2人	3人	2人	0人	1人	0人

解答 合計得点を計算し，それをクラスの人数10人で割ればよいだろう。そこで，平均点を $\langle x \rangle$ で表すと，

$$\langle x \rangle = \frac{3 \times 1 + 4 \times 1 + 5 \times 2 + 6 \times 3 + 7 \times 2 + 9 \times 1}{10} = \frac{58}{10} = 5.8 \text{点} \quad \cdots\cdots \text{(答)} \quad \blacklozenge$$

上の問いは，初等数学の問題であるが，じつは量子力学における物理量の期待値（平均値）の求め方も，まったく同様である。上の解答では，

最後にクラスの人数10人で割り算したが，この分母10を，それぞれの項に割り当てれば，その得点をとる確率となる．つまり，このクラスでは，10点満点で3点をとる確率は1/10，4点の確率は1/10，5点の確率は2/10，…ということである．もちろん，これらの確率を10点まで足せば1となる．すなわち，この場合の規格化の定数は1/10である．

そこで，試験の「点数」という量xの平均値は，規格化された確率分布を$P(x)$として，
$$\langle x \rangle = \sum x \times P(x)$$
となる．この$\sum$の計算式が，上の問いの解答の式とまったく同じであることを確かめられたし．

さて，位置やエネルギーといった物理量は，一般には連続量であるから，平均を求める場合には，$\sum$を積分記号$\int$に替えればよい．

そこで，ある量子力学的な系が，規格化された(「x空間」の)波動関数$\psi(x)$で表されるとき，物理量$\hat{A}$に対応する観測値の**期待値**(平均値)$\langle A \rangle$は，
$$\langle A \rangle = \int_{全空間} \hat{A} P(x)\,\mathrm{d}x$$
$$= \int_{全空間} \psi(x)^* \hat{A} \psi(x)\,\mathrm{d}x$$
で計算することができる．$\hat{A}$を，ψ^*とψの間に入れているのは，ここでは説明は省くが，意味のあることなのである．

さて，重要なことなので，再度注意をうながしておく．波動関数$\psi(x)$(の絶対値の2乗)は，粒子が位置xに見出される確率密度であった．それゆえ，ここで計算できる期待値は，粒子が発見される位置だけではないかと思われるであろう．しかし，そうではないのである．$\langle A \rangle$は，観測可能な物理量であるなら何でもよい．たとえば，エネルギーの期待値を求めようと思えば，$\hat{A}$としてエネルギー演算子を用いればよいのである(演習問題13-1参照)．

このことは，波動関数$\psi(x)$が，粒子が発見される位置に関すること以

上の情報をもっていることを示している。繰り返すが，波動関数 $\psi(x)$ は，その粒子の量子状態に関するすべての情報を含んでいるのである。

平均値(期待値)から一歩進めて，こんどは観測値が平均からどの程度ずれるかということを考えてみる。それが「ゆらぎ」である。

記号の意味を明確にしておこう。ある物理量について，$\hat{A}$ は演算子，a は固有値(固有値方程式から求まる決まった定数)としておく。また，1回1回の観測によって測定されるデータは A とし，それらの平均値は〈　〉で囲っておくとする。

さて，ゆらぎは平均値からのずれの程度であるから，

$$A - \langle A \rangle$$

が，その尺度となるであろう。しかし，この1回1回の平均値からのずれを，全部合わせれば，

$$\sum (A - \langle A \rangle) = 0$$

となってしまうことは明らかである。そこで，このずれの2乗を足し合わせ，平均をとることにする。この「ずれの2乗平均」が**ゆらぎ**(統計学の言葉では，分散)である。単位をそろえるためには，$\sqrt{\langle\text{ゆらぎ}\rangle}$ とすればよいが，それが標準偏差である。

そこで，ゆらぎを 〈F〉 で表記すると，

$$\langle F \rangle = \langle (A - \langle A \rangle)^2 \rangle$$

となるが，2乗の部分を展開すれば，

$$= \langle A^2 - 2A\langle A \rangle + \langle A \rangle^2 \rangle$$
$$= \langle A^2 \rangle - 2\langle A \rangle\langle A \rangle + \langle A \rangle^2$$
$$= \langle A^2 \rangle - \langle A \rangle^2$$

となる。すなわち，A^2 の平均値と，平均値の2乗の差を計算すればよい(これは統計学では分散の式としておなじみである)。

以上，準備ができたところで，位置に関する波動関数 $\psi(x)$ から，位置以外の物理量の期待値を求めるということをやってみよう。

> **水素原子のエネルギー準位は確定していることを示す**
>
> **演習問題 13-1**
>
> ポテンシャル V に囚われた電子のシュレーディンガー方程式,
>
> $$\left(-\frac{\hbar^2}{2m}\nabla^2 + V\right)u = eu$$
>
> の解が存在するとき,その解に対応するエネルギーの観測値の期待値とゆらぎ平均を求めよ。
>
> (右辺の e は,エネルギーの固有値であることを強調するため,これまでの表記 E とは,わざと替えてある。)

解答&解説 いまエネルギー演算子を $\hat{H}$,その観測値を E,固有値を e とする。

観測値 E と固有値 e の違いを,はっきりさせておこう。観測値 E は,観測のたびにばらつく可能性のある実験値であるが,固有値 e は,シュレーディンガー方程式の解として求まるある確定した実定数である。

$$\langle E \rangle = \int_{\text{全空間}} u^* \hat{H} u \, dV \quad (dV は微小な体積要素)$$

ところで,シュレーディンガー方程式(固有値方程式)より,

$$\hat{H} u = eu$$

であるから,

$$\langle E \rangle = \int_{\text{全空間}} u^* eu \, dV$$

e は定数だから,外に出して,

$$= e \int_{\text{全空間}} u^* u \, dV$$

積分記号の部分は,確率の定義により 1 だから,

$$= e \quad \cdots\cdots(答)$$

こうして,あたりまえのことではあるが,エネルギーの観測値 E の期待値(平均値)は,固有値 e であることが分かる。

次にゆらぎの計算であるが,

$$\langle E \rangle^2 = e^2$$

は明らかだから，後は$\langle E^2 \rangle$を求めればよい。

エネルギーEを観測することは，式の上では，固有関数に演算子$\hat{H}$をかけることを意味するから，$E^2 = E \times E$ は，$\hat{H} \times \hat{H}$，すなわち$\hat{H}$を2回，固有関数にかければよい。よって，

$$\langle E^2 \rangle = \int_{全空間} u^* \hat{H} \times \hat{H} u \, dV$$

$$= \int_{全空間} u^* \hat{H}(eu) \, dV \quad (e は定数だから，外に出して)$$

$$= e \int_{全空間} u^* \hat{H} u \, dV$$

$$= e \int_{全空間} u^* eu \, dV$$

$$= e^2 \int_{全空間} u^* u \, dV \quad (積分部分は，全確率1であるから)$$

$$= e^2$$

よって，ゆらぎ平均$\langle F \rangle$は，

$$\langle F \rangle = \langle E^2 \rangle - \langle E \rangle^2$$
$$= e^2 - e^2 = 0 \quad \cdots\cdots(答)$$

期待値が固有値eで，ゆらぎ平均が0であるということは，エネルギーの観測値は，何回測定してもいつでも固有値eであるということである。つまり，水素原子のエネルギー準位は，「位置空間」で見る限り確定している。◆

ただし，水素原子のエネルギー準位は，主量子数nに応じて無数に存在する。これらのE_nのどの状態が観測されるかについては，別の考え方を導入しなければならない。たとえば，$n=2$の固有状態にある電子は，下の$n=1$の軌道が空いているため，(外からエネルギーを加えない限り)やがて光を放出して基底状態に落ちる。すなわち，波動関数の時間的変化を考慮しなければならない(講義8以降，われわれが扱っている波動関数は，時間変化しないと仮定している)。

しかし，一般論でいえば，たとえば$n=1$と$n=2$の2つの量子状態の重ね合わせた波動関数などというものも考えることができる。このとき，

$$\psi = A_1 \psi_1 + A_2 \psi_2$$

であるなら，$|A_1|^2$と$|A_2|^2$に応じた確率で，1と2が観測されるということになる。

上の結論については，キツネにつままれたような気がする人もいるであろう。固有値方程式を解いて固有値が求まれば，それがかならず観測値になるに決まっているではないか，$\langle E^2 \rangle$ とか $\langle E \rangle^2$ といったものを，どうしてうだうだと計算するのか……。

　しかし，いつでもそうなるとはいえないのである。次に粒子の位置そのものの例をやってみよう。

●量子力学を創った人々

ボルン (1882-1970)

> **実習問題 13-1　位置 x の期待値とゆらぎを求める**
>
> 講義 7 の演習問題 7-1(97 ページ)に登場した 1 次元の無限に高いポテンシャル V を考える。すなわち,
>
> **図13-2**
>
> $-a < x < a$ では, $V = 0$
>
> $x \leq -a$ および $x \geq a$ では, $V = \infty$
>
> このようなポテンシャルに囚われた質量 m の粒子のエネルギーが基底状態にあるとき, $-a < x < a$ における波動関数は, 規格化定数を除き,
>
> $$u = \cos kx \quad (k = \frac{\pi}{2a})$$
>
> であった。この状態における粒子の位置を観測したとき, 粒子を発見する位置の期待値とゆらぎ平均を求めよ。

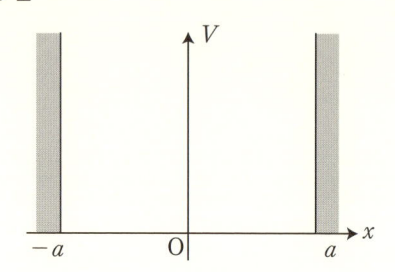

解答 & 解説 期待値などを求めるときには, 波動関数を規格化しておかねばならないので, 規格化定数 A_1 を計算しておこう。

$$\int_{-a}^{a} u^* u \, \mathrm{d}x = 1$$

であるから,

$$\int_{-a}^{a} |A_1|^2 \cos^2 kx \, \mathrm{d}x = 1$$

ここで,

$$\int_{-a}^{a} \cos^2 kx \, \mathrm{d}x = \frac{1}{2} \int_{-a}^{a} (1 + \cos 2kx) \, \mathrm{d}x$$

$\cos 2kx$ の部分の積分は 0 になるから,

$$= \frac{1}{2}\Big[x\Big]_{-a}^{a} = a$$

よって,

$$|A_1|^2 \cdot a = 1$$

すなわち,

$$u = \boxed{\text{(a)}}$$

である。

位置 x の期待値は,

$$\langle x \rangle = \int_{-a}^{a} x \cdot \frac{1}{a} \cos^2 kx \, dx$$

この積分は,計算するまでもない。$\cos^2 kx$ は偶関数,x は奇関数であるから,原点に対して符号が逆の対称性をもつ。つまり,$-a$ から a までを積分すれば,0 になることは明らかである。よって,

$$\langle x \rangle = \boxed{\text{(b)}} \quad \cdots\cdots\text{(答)}$$

この結果は,直感的に明らかである。ポテンシャルの対称性から,粒子は x の正方向と負方向に対称的に「拡がって」いるであろう。よって,その期待値はちょうど中央の $x=0$ である。

図13-3 いずれの確率密度関数 u^*u も左右対称だから,位置の期待値 $\langle x \rangle$ は 0 となる。

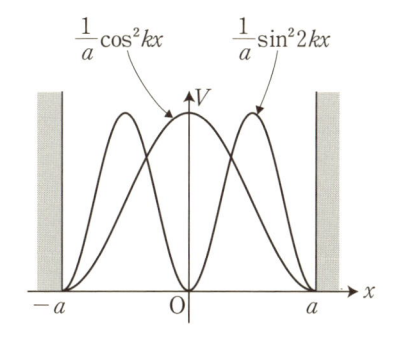

(a) $\dfrac{1}{\sqrt{a}}\cos kx$ (b) 0

基底状態以外の固有関数についても，事情はまったく同じで，位置 x の期待値はすべて 0 である（図は，基底状態と，その 1 つ上の準位 $u=\dfrac{1}{\sqrt{a}}\sin 2kx$ を示した）。

つづいてゆらぎ平均 $\langle F \rangle$ は，
$$\langle F \rangle = \langle x^2 \rangle - \langle x \rangle^2$$
であるが，$\langle x \rangle^2$ は 0 だから，$\langle x^2 \rangle$ だけを求めればよい。

すでに見たように，位置 x の演算子 $\hat{x}$ は，x であるから，
$$\langle x^2 \rangle = \int_{-a}^{a} x^2 \cdot \frac{1}{a}\cos^2 kx\, dx$$
$$= \frac{1}{2a}\int_{-a}^{a}(x^2 + x^2\cos 2kx)\, dx$$

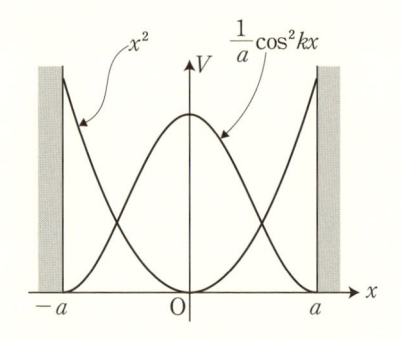

図13-4● $x^2 \times \dfrac{1}{a}\cos^2 kx$ の積分が 0 にならないことは，図から明らか。

この積分計算の具体的方法については，付録 3（265 ページ）にゆずることにしよう。直感的にも，この値は 0 にはならない（上図参照）。
$$= \left(\frac{1}{3} - \frac{2}{\pi^2}\right)a^2 \quad \cdots\cdots\text{(答)}$$

波動関数
$$u = \frac{1}{\sqrt{a}}\cos kx$$
は，その 2 乗が粒子の存在する位置の確率密度を表すわけだから，粒子の位置を観測すれば，それは確率密度に応じてばらつく。それゆえ，観測値のゆらぎが 0 になるはずはない。また，波動関数の形に応じて，粒子の「雲の拡がり」も異なるから，波動関数ごとにゆらぎの値も異なるはずである。

基底状態の場合，上の答えの（　）の中は，およそ 0.13 であるから，平方根をとった標準偏差は約 $0.36a$ である。つまり，粒子の「雲」はポテンシャルの幅の中央だいたい 36 パーセントのところに集中しているということになる。◆

　余裕がおありの方は，「x 空間」でのさまざまな波動関数から，運動量の期待値やゆらぎを計算されることをおすすめする。波動関数というものの量子力学的性質が，よりはっきりとすることであろう。

講義 LECTURE 14 量子力学の構造2
―― 不確定性原理と交換子 ――

　本講では，量子力学の基本原理である不確定性原理について考えてみる。とくに，前講で紹介した，物理量を演算子として捉える見方から，不確定性原理はどう説明されるのか，それを明らかにするのが本講の目的である。

●ハイゼンベルクの思考実験

　歴史的なことをいえば，不確定性原理は，ハイゼンベルクの思考実験によってはじめて導入された(1927年)。

図14-1●電子の位置を観測するためには，電子に光子を当てなければならない。

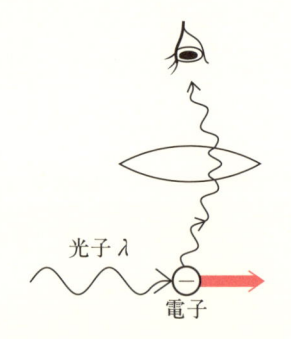

　ハイゼンベルクの思考実験は，講義1で紹介したゼノンのパラドックスに似たところがある。その要旨をかいつまんで述べれば，次のようなことである。
　顕微鏡下で(顕微鏡であれ，何であれ同じことであるが)，1個の電子がどこにあるかを知るためには，光を当てなければならない。ここに，かならず電子と光の相互作用が生じる。すなわち，ある物理量を知る，すなわち観測するということは，対象と観測装置の相互作用に他ならない

のである。この相互作用は，当然のことながら，電子の状態を変化させてしまう。

　まず電子の位置を観測し，ひきつづき電子の運動量を観測するという思考実験を考えてみよう。もし，電子の位置の観測が，電子の運動量に何の影響も及ぼさないのであれば，位置と運動量は，同時に測定されるということができる。しかし，位置の測定には，少なくとも1個の光子が必要である。

　光子には，それに付随する波長 λ が伴っている。言い換えると，1個の光子は，波長 λ より小さくなることができない。すなわち，波長 λ の光子によって電子の位置を測定したときには，その誤差を λ より小さくすることができない（テニス・コートのラインを，テニス・ボールより極端に細い線で描いても，あまり意味はないであろう）。

　そこで，電子の位置を正確に測定するためには，当てる光子の波長をできるだけ短くすればよい。理屈の上では，この操作はいくらでも可能である。それゆえ，電子の位置は，いくらでも正確に測定しうる。

　ところが，光子の運動量は，

$$p = \frac{h}{\lambda}$$

であるゆえ，λ を小さくするということは，運動量 p を大きくすることに他ならない。光子の運動量が大きければ，観測（すなわち光子と電子の衝突）によって，電子が受け取る運動量が大きくなるのは必然である。

　そこで，電子の位置を正確に測ろうとすれば，運動量の測定を犠牲にしなければならない。逆に，運動量に変化を与えなければ（λ を大きくすれば），電子の位置がはっきりと定まらなくなる，というジレンマに陥るわけである。

　ごくおおざっぱにいって，上の $p=h/\lambda$ の式から，p の測定誤差 Δp と，位置の測定誤差 Δx の間には，

$$\Delta p \sim \frac{h}{\Delta x}$$

の関係が成立するであろう。あるいは，書き換えて，

$$\Delta p \, \Delta x \sim h$$

となる。

　この素朴な議論において，$p=h/\lambda$の関係が決定的な役割を果たしていることは見過ごしてはならない。素朴哲学論であれ，厳密な数学的議論であれ，量子力学の根底には，粒子性と波動性を結ぶ，

$$E = h\nu \, (= \hbar\omega)$$

$$p = \frac{h}{\lambda} \, (= \hbar k)$$

の関係が土台としてあるのである。

● e^{ikx} によって必然的に生じる不確定性

　不確定性原理を，数学的な観点から見てみよう(講義4でちょっとふれた(57ページ))。

　波数kの確定した波(すなわち$\Delta k=0$)の形，

$$e^{ikx}$$

を考える。この波は，x軸にそって無限に拡がっている。すなわち，この波は，

$$\Delta x = \infty$$

という不確定さをもっている。

　しかし，この波の形を，xを定数，kを変数としてみる。数学的には，変数kとxを入れ替えるだけだから，まったく同様の議論として，

$$e^{ixk}$$

は，値xが確定していて，k軸にそって無限に拡がる波を表す。そこで，

$$\Delta x = 0$$

$$\Delta k = \infty$$

となる。

　数学的には，変数の表記をどうとろうと同じことである。しかし，xを位置座標，kを運動量座標という物理的な意味を持ち込むと，この関係は物理学における不確定性原理となるのである。

図14-2 ● e^{ikx} は k と x について対称である。

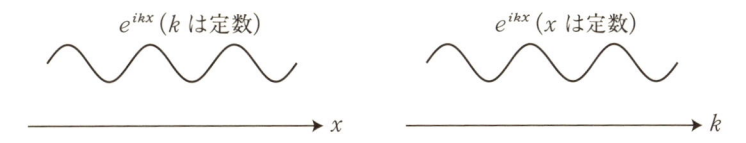

e^{ikx}(k は定数) 　　　　　　e^{ikx}(x は定数)

　　　　　　　　→ x 　　　　　　　　　　　　　　→ k

　この議論は，最初の素朴な哲学的議論と同じことを，数学的に言い換えたにすぎない。けっきょく，波動，

$$e^{ikx}$$

における波数 k と，運動量

$$p = \hbar k$$

とを結びつけるところに，不確定性原理の根本的な原因があるのである。

● $e^{i\omega t}$ によって必然的に生じる不確定性

　同じことが，時間的な単振動，

$$e^{i\omega t}$$

についてもいえる。

　この振動において，ω が確定しているとき，振動は無限の時間つづく。すなわち，

$$\Delta \omega = 0$$
$$\Delta t = \infty$$

　ところが，角振動数 ω はエネルギー E と，

$$E = h\nu \,(= \hbar \omega)$$

で結びついていたから，エネルギーと時間には不確定性が生じるのである。

　それでは，問題を解くとこで，不確定性関係を実感してもらおう。

> ### 波束の不確定性原理
> **演習問題 14-1**
>
> 講義 4 の実習問題 4-1 において，波の形，
> $$y = Ae^{ikx}$$
> を，波数 k について，$k_0 - \Delta k$ から $k_0 + \Delta k$ まで積分することによって，x 空間の波束，
> $$Y = 2Ae^{ik_0 x}\frac{\sin \Delta k x}{x}$$
> を導いた。この問題における不確定性関係を説明せよ。

解答&解説 k 空間において，波は $k_0 - \Delta k$ から $k_0 + \Delta k$ まで，$2\Delta k$ の幅で拡がっている。すなわち，k 空間における k の不確定性(これを，Δk と区別するため，ΔK と書く)は，

$$\Delta K = 2\Delta k$$

である。

図14-3 k 空間での波束

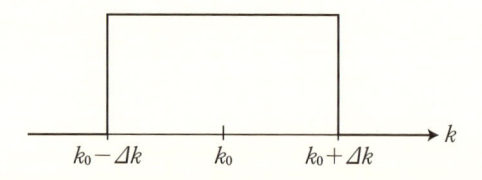

一方，それらを足し合わせた x 空間での波束の拡がりを調べてみよう。

$$Y = 2Ae^{ik_0 x}\frac{\sin \Delta k x}{x}$$

において，$e^{ik_0 x}$ の絶対値はつねに 1，$\sin \Delta k x$ は 0 から 1 の間で振動するから，波束の幅は $1/x$ で決まってくる。

その幅を決めるのはかなり恣意的な問題ではあるが，もし，k_0 がかなり大きな定数であるのに対して，k の拡がり Δk が十分小さいとすると，$\sin \Delta k x$ が原点から離れて最初に 0 になるあたりを，波束の幅とすればよいだろう。そうすると，

図14-4● x 空間での波束

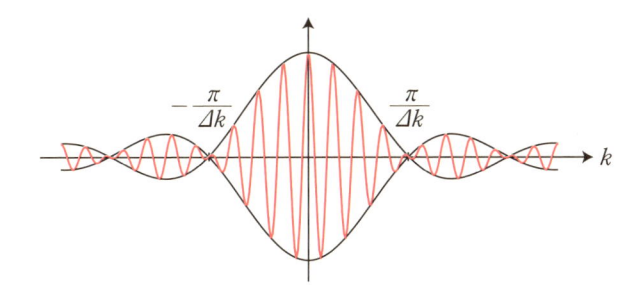

$$\sin \Delta k x = 0$$

のとき，

$$\Delta k x = \pi$$

である。波束は左右対称に拡がっているから，このときの x 空間における x の不確定性を ΔX と書けば，

$$\Delta X = \frac{2\pi}{\Delta k}$$

よって，

$$\Delta X \cdot \Delta K = \frac{2\pi}{\Delta k} \times 2\Delta k = 4\pi$$

ここで，4π という数値そのものには，あまり意味はない。ただ，x の不確定性と k の不確定性は，両者を同時に 0 にはできず，その積がある定数程度になるということに意味があるのである。

ここに，量子力学における運動量，

$$p = \hbar k$$

を導入すれば，

$$\Delta p = \hbar \Delta K$$

であるから，

$$\Delta X \cdot \Delta p = \hbar \Delta X \cdot \Delta K = 4\pi\hbar = 2h$$

という関係をうる。これは，最初の思考実験で得た，

$$\Delta x \Delta p \sim h$$

という関係と整合性がとれている。◆

● ガウス関数

この演習問題の波束は気に入らないという方のために，もう少しカッコイイ波束を紹介しておこう。それは，x 空間で見ても p 空間で見ても同じ形にみえる波束である。

図14-5 ● ガウス関数 (極大を $x=x_0$ にとっている)

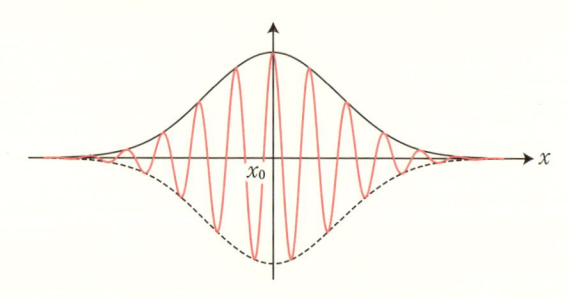

それは統計学でガウス分布としておなじみのものである。いわゆるつりがね型で，このガウス関数に $e^{\pm ikx}$ をかけておくと，x, p どちらから見ても，同じようなつりがね型 ($\times e^{\pm ikx}$) になる。具体的な式は (規格化定数を別にして)，

$$\psi(x) = e^{-\frac{(x-x_0)^2(\Delta k)^2}{2}} e^{ik_0(x-x_0)}$$

$$\phi(k) = e^{-\frac{(k-k_0)^2}{2(\Delta k)^2}} e^{-ix_0(k-k_0)}$$

となる。この式の導出は，ちょいとばかり面倒なので，ここでは略す。1ついえることは，このような対称性をもつ波束は，唯一ガウス関数だけであるということである。

● 演算子と観測

さて，以上のような不確定性原理の定性的な理解が，前講で見た物理量の演算子というものとどう関係しているのかを考えてみよう。

演算子は，どういう「基底」で見るかで形が異なるが (オブジェの見え方の比喩)，ここでは話を簡単にするため，「基底」はすべて「x 空間」であると仮定しておく。

一般論で話を進めるが，不慣れな読者の方々は，たとえば1次元の井戸型ポテンシャルに囚われた電子の波動関数などを具体的に想定しながら，考えて頂ければよい。

ある物理量 (たとえばエネルギー) の演算子を $\hat{A}$ とし，考えている量子

系（1次元の井戸の中の電子）の波動関数を ϕ とする（「x 空間」を前提としているので，$\phi(x)$ の代わりに ϕ と簡略して書いておく）。そして，この波動関数 ϕ は，演算子 $\hat{A}$ の固有関数になっているものとする（固有関数はふつう複数存在するが，いまは簡単のためにそのうちの1つを想定する。たとえば，エネルギーの基底状態 $n=1$ など）。そして，このとき固有値方程式を解いて得られる固有値が a であるとしよう。

このような状態 ϕ が存在するとき，この系の物理量 $\hat{A}$ を測定すると，かならず固有値 a になることは，講義13の演習問題13-1で見た通りである。

これを，固有値方程式の形で書くならば，

$$\hat{A}\phi = a\phi$$

であるが，この式の意味することは，量子状態 ϕ に $\hat{A}$ という観測をすると，期待値 $\langle A \rangle$ として確定した値 a が得られる，ということである。このとき，右辺の波動関数が ϕ のままであることに注目しよう。固有値方程式なのだからアタリマエと思われるだろうが，これは物理的には非常に重要なことで，このような系で物理量 $\hat{A}$ を観測しても，波動関数は形を変えないということを意味するのである。

もし量子系が，$\hat{A}$ の固有関数ではない状態 ψ にある場合，この系の物理量 $\hat{A}$ を観測すると，波動関数は形を変えてしまう。すなわち，

$$\hat{A}\psi = \psi' \quad (\psi が固有関数でない場合)$$

1次元の井戸型ポテンシャルに囚われた粒子の例でいえば，この系がたとえばエネルギーの基底状態 $n=1$ にあるとして，この系のエネルギーを観測すると，何度観測してもいつも定まった値 E_1 をうる。また，その波動関数は $n=1$ に相当する固有関数のままである。しかし，この系で粒子がどこにいるかを観測すると，波動関数の形はたちまちくずれてしまう（粒子が発見された位置だけが突出した振幅をもち，その他の振幅は0である波束になる）。それは，エネルギーの固有関数が，位置の演算子 $\hat{x}$ の固有関数ではないからである。

●交換子と不確定性関係

さてそこで，物理量 $\hat{A}$ と物理量 $\hat{B}$ が，その固有関数を共有している

ような場合を考えよう(その具体例は,後ですぐに登場する)。固有関数は共有しても,固有値はもちろん違っているのがふつうである。そこで,共通の固有関数を ϕ, $\hat{A}$ の固有値を a, $\hat{B}$ の固有値を b とすると,
$$\hat{A}\phi = a\phi$$
$$\hat{B}\phi = b\phi$$
である。

このような場合,まず物理量 $\hat{A}$ を観測し,つづいて物理量 $\hat{B}$ を観測すると,どのような結果がえられるかは,容易に推測がつく。それを式で書けば,
$$\hat{B}(\hat{A}\phi) = \hat{B}(a\phi)$$
a は定数だから,前に出せるので
$$= a\hat{B}\phi = ab\phi$$
となって,波動関数の形が変わらないまま,a と b という2つの確定した期待値(固有値)が得られることが分かる。このようなとき,物理量 $\hat{A}$ と $\hat{B}$ は,同時に確定した値をとるということができるであろう。

この場合,観測の順序を変えても事情はほとんど変わらない。すなわち,はじめに $\hat{B}$ を観測し,ひきつづき $\hat{A}$ を観測すると,
$$\hat{A}(\hat{B}\phi) = \hat{A}(b\phi) = b\hat{A}\phi = ba\phi$$
で,同じ結果をうる。

これを演算子の形で示せば,
$$\hat{A}\hat{B} = \hat{B}\hat{A}$$
である。ふつうの数のかけ算なら,これはあたりまえのことであるが,演算子という「ちゅうぶらりん」状態の場合には,順序の変更はその結果を変えてしまう可能性があることは,お気づきであろう。

上の式を,少し変形して,
$$\hat{A}\hat{B} - \hat{B}\hat{A}$$
という(合成)演算子を考える。これを,$\hat{A}$ と $\hat{B}$ の **交換子** と呼ぶ([$\hat{A}, \hat{B}$] という記号で書くことが多い)。

この交換子という言葉を使えば,

> 2つの演算子 $\hat{A}$ と $\hat{B}$ の交換子が0のとき，2つの物理量 $\hat{A}$ と $\hat{B}$ は同時に確定した値をとることができる

ということになる．もちろんこれは，不確定性原理が成り立たない場合である．

　考え深い読者の方は，このようなことが成り立つのは，考えている量子系の波動関数が固有関数の場合に限ると思われるであろう．しかし，一般に，波動関数はどのような形でもよい．2つの演算子の固有関数が等しければよいのである．その理由は，簡単にいえば次のようなことである．

　どんな波動関数も，ある固有関数の一群(数学的には正規直交完全系と呼ぶ．講義15で少しふれる)の重ね合わせとして表現できる．すなわち，固有関数の一群を ϕ_1, $\phi_2, \phi_3, \cdots$ として，

$$\psi = C_1\phi_1 + C_2\phi_2 + C_3\phi_3 + \cdots$$

と書ける．そうすると，この ψ に演算子 $\hat{A}$ をかけると，固有関数 ϕ の一群を変形することなく固有値が求まる(ただし，係数が変わってくる)．さらに $\hat{B}$ をかけても(係数は変わるが)固有関数 ϕ の一群には変化はない．しかし，$\hat{A}$ と $\hat{B}$ の固有関数が異なれば，ϕ 自身が変わらざるをえないのである．

　以上の議論を逆に考えれば，不確定性原理が成り立つのがどんな場合であるかは明らかである．すなわち，物理量 $\hat{A}$ と $\hat{B}$ の交換子が0でないとき，2つの物理量は同時に確定した値をとることができない．それを具体的に確かめてみよう．

問1　位置 $\hat{x}$ と運動量 $\hat{p}$（1次元とする）の交換子の値はいくらか．
解答　ある波動関数を ψ として，それに，演算子

$$\hat{x} = x$$

$$\hat{p} = -i\hbar\frac{\partial}{\partial x}$$

を順番にかけてみればよい．

$$\hat{x}\hat{p}\psi = x\left(-i\hbar\frac{\partial \psi}{\partial x}\right)$$

$$= -i\hbar x\frac{\partial \psi}{\partial x}$$

また，
$$\hat{p}\hat{x}\psi = -i\hbar\frac{\partial}{\partial x}(x\psi)$$
となり，この場合は，ψ ではなく $x\psi$ という関数を x で微分しなければならない。積の微分公式を使って，
$$\frac{\partial}{\partial x}(x\psi) = \psi + x\frac{\partial \psi}{\partial x}$$
だから，
$$\hat{p}\hat{x}\psi = -i\hbar\psi - i\hbar x\frac{\partial \psi}{\partial x}$$
よって，
$$(\hat{x}\hat{p} - \hat{p}\hat{x})\psi = -i\hbar x\frac{\partial \psi}{\partial x} - \left(-i\hbar\psi - i\hbar x\frac{\partial \psi}{\partial x}\right)$$
$$= i\hbar\psi$$

ゆえに，交換子は，
$$[\hat{x}, \hat{p}] = \hat{x}\hat{p} - \hat{p}\hat{x} = i\hbar$$
となる。◆

上の交換関係，
$$[\hat{x}, \hat{p}] = i\hbar$$
と，$\Delta x \Delta p$ の関係については，一般に (x や p に限らず)，
$$(\Delta x \Delta p)^2 \geq -\frac{1}{4}[\hat{x}, \hat{p}]^2$$
であることが導ける (ただし，計算はやや面倒なので略す)。大事なことは，交換子の値が，ほぼ不確定性の度合いそのものを表していること，また上の式からも分かるように，交換子は虚数になるということである。

> **実習問題 14-1** **エネルギーと運動量の交換関係**
>
> （1次元の）運動量演算子，
>
> $$\hat{p} = -i\hbar\frac{\partial}{\partial x}$$
>
> と，（1次元の）エネルギー演算子，
>
> $$\hat{H} = -\frac{\hbar^2}{2m}\frac{\partial^2}{\partial x^2} + V(x)$$
>
> の交換関係を調べよ。

解答&解説 $\hat{p}$ とエネルギーの運動エネルギー部分 $-\hbar^2/2m(=\hat{p}^2/2m)$ が可換（交換可能。すなわち交換子＝0）であることは明らかである。x の微分と x の2階微分であるから，どちらを先にしようが同じことである。すなわち，ポテンシャルがないときの運動量とエネルギーは，つねに可換である。

そこで，ポテンシャルの部分だけを調べてみる。

適当な波動関数 ψ にかけて，

$$\hat{p}\hat{H}\psi = \left(-i\hbar\frac{\partial}{\partial x}\right)V\psi$$

$$= \boxed{\text{(a)}}$$

$$\hat{H}\hat{p}\psi = V\left(-i\hbar\frac{\partial}{\partial x}\right)\psi = -i\hbar V\frac{\partial\psi}{\partial x}$$

よって，

$$[\hat{p}, \hat{H}] = \hat{p}\hat{H} - \hat{H}\hat{p} = \boxed{\text{(b)}} \quad \cdots\cdots\text{(答)}$$

となる。

もしポテンシャル V が x によらず一定であれば，$\partial V/\partial x = 0$ だから，交換関係は成立する。これは，ポテンシャル・エネルギーの基準をどこに選んでもよいという力学の基本的な要請と整合性がとれている。◆

(a) $-i\hbar\left(\frac{\partial V}{\partial x}\psi + V\frac{\partial\psi}{\partial x}\right)$　(b) $-i\hbar\frac{\partial V}{\partial x}$

> **演習問題 14-2** 角運動量の交換関係
>
> 講義 12 で扱った水素原子の角運動量について，全角運動量の 2 乗 L^2 と角運動量の z 成分 L_z は同時に確定できるが，L_z と L_x, L_y については同時に確定できないことを示せ。

解答&解説 L^2 と L_z の演算子については，講義 13 で見た。問題は，L_x と L_y の演算子であるが，これを球座標で表す方法については，付録 2 を参照して頂きたい。

まとめて書くと次のようになる。

$$\widehat{L}^2 = -\hbar^2 \left[\frac{1}{\sin\theta} \frac{\partial}{\partial\theta}\left(\sin\theta \frac{\partial}{\partial\theta}\right) + \frac{1}{\sin^2\theta} \frac{\partial^2}{\partial\varphi^2} \right]$$

$$\widehat{L}_x = y\widehat{p}_z - z\widehat{p}_y = -i\hbar\left(y\frac{\partial}{\partial z} - z\frac{\partial}{\partial y}\right)$$

$$= -i\hbar\left(-\sin\varphi \frac{\partial}{\partial\theta} - \cot\theta \cos\varphi \frac{\partial}{\partial\varphi}\right)$$

$$\widehat{L}_y = z\widehat{p}_x - x\widehat{p}_z = -i\hbar\left(z\frac{\partial}{\partial x} - x\frac{\partial}{\partial z}\right)$$

$$= -i\hbar\left(\cos\varphi \frac{\partial}{\partial\theta} - \cot\theta \sin\varphi \frac{\partial}{\partial\varphi}\right)$$

$$\widehat{L}_z = -i\hbar \frac{\partial}{\partial\varphi}$$

以上の球座標表示の演算子が導かれていれば，後は簡単である。

まず，$\widehat{L}^2$ には，変数 φ が末尾の偏微分のところにしか現れていない。それゆえ，φ の偏微分である $\widehat{L}_z$ を前にかけても後にかけても，演算結果は変わらない。よって，

$$[\widehat{L}^2, \widehat{L}_z] = 0$$

がいえる。

一方，$\widehat{L}_x$ と $\widehat{L}_y$ には，$\cos\varphi$ や $\sin\varphi$ が演算子の中に含まれているから，これらに φ の偏微分である $\widehat{L}_z$ を前からかけるか後からかけるかで，演算結果が異なってくる可能性は高いと考えられる。実際に演算の順序を交換して計算すると，結果は異なる。よって，

$$[\hat{L}_z, \hat{L}_x] \neq 0$$
$$[\hat{L}_z, \hat{L}_y] \neq 0$$

である。◆

　これが，講義12で，水素原子の角運動量が，L^2 と L_z を同時に決定できるが，x 方向と y 方向についてはまったく不確定だとした理由である。

　ただし，講義12でも注釈したことだが，座標軸をどうとるかは自然現象とは無関係のことだから，z 軸は観測の仕方次第でどのようにもとれる。にもかかわらず，量子力学では，任意に選んだ座標軸に応じて観測値が姿を変えて現れてくるのである。

●量子力学を創った人々

パウリ (1900-1958)

実習問題 14-2 井戸型ポテンシャルにおける不確定性関係

おなじみの無限に高いポテンシャル

図14-6 ● 基底状態の波動関数

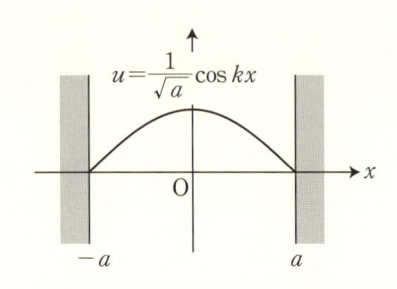

$$u = \frac{1}{\sqrt{a}}\cos kx$$

$-a < x < a$ では, $V = 0$
$x \leq -a$ および $a \leq x$ では, $V = \infty$

に囲まれた粒子の基底状態,

$$u = \frac{1}{\sqrt{a}}\cos kx \quad \left(k = \frac{\pi}{2a}\right)$$

における位置と運動量の不確定性関係 $\Delta x \Delta p$ と, 運動量とエネルギーの不確定性関係 $\Delta p \Delta E$ の値をそれぞれ求めよ。

解答&解説 一般論として不確定性原理を知ることも大事だが, 期待値やゆらぎを具体的に計算するともっと面白いことが分かる。この問題の場合, 粒子が存在する部分のポテンシャルは0である。そこで, 実習問題14-1で見たように, 運動量とエネルギーは可換(演算子の交換が可能, すなわち交換子=0)であると予想される。ところで, 与えられた波動関数は, 明らかにエネルギーの固有関数だから, エネルギーの値は確定している。よって, 運動量の値も確定しているように思われる。

一方, 位置はもちろん不確定であるが, 粒子が $-a < x < a$ の間にあることは確実だから, その不確定性は ∞ ではない。ということは, $\Delta x \Delta p$ が $\hbar$ 程度であるなら, Δp は0ではありえない(Δx が有限で Δp が0なら, $\Delta x \Delta p = 0$ となり, 位置と運動量の不確定性原理が成り立たない)。

これはパラドックスである。さて，何が正しく，何が間違っているのであろうか。

ともかく，計算を進めてみよう。

まず，Δx であるが，これは講義13の実習問題13-1で計算済みである。講義13でのゆらぎ平均$\langle F \rangle$とは，$(\Delta x)^2$のこととみなせばよいから，

$$(\Delta x)^2 = \langle x^2 \rangle - \langle x \rangle^2 = \left(\frac{1}{3} - \frac{2}{\pi^2}\right)a^2$$

すなわち，

$$\Delta x = \sqrt{\frac{1}{3} - \frac{2}{\pi^2}}\, a$$

次に，運動量の期待値を求めてみよう（波動関数は $-a<x<a$ の範囲でしか存在しないから，積分はすべてその範囲でとればよい）。

$$\begin{aligned}
\langle p \rangle &= \int_{-a}^{a} u^* \hat{p} u\, \mathrm{d}x \\
&= \int_{-a}^{a} \left(\frac{1}{\sqrt{a}} \cos kx\right)\left(-i\hbar \frac{\mathrm{d}}{\mathrm{d}x}\right)\left(\frac{1}{\sqrt{a}} \cos kx\right) \mathrm{d}x \\
&= i\hbar \frac{k}{a} \int_{-a}^{a} \cos kx \cdot \sin kx\, \mathrm{d}x \\
&= i\hbar \frac{k}{2a} \int_{-a}^{a} \sin 2kx\, \mathrm{d}x
\end{aligned}$$

図14-7●どちらのグラフも赤色の部分の正負の面積が等しいから，積分は0となる。

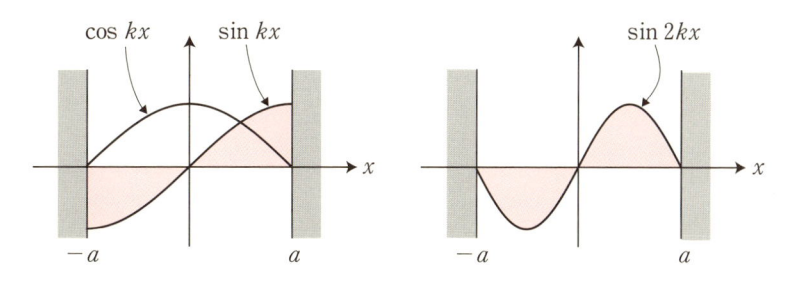

この積分は，1段階前でも分かることだが，対称性より明らかに0である（図参照）。

$$= 0$$

運動量の期待値は0となったが，これは運動量の値が確定しているという意味ではない．ひきつづき，ゆらぎ平均を計算してみよう．

$$\langle \Delta p \rangle^2 = \langle p^2 \rangle - \langle p \rangle^2$$

いま見たように，$\langle p \rangle = 0$ だから，

$$= \langle p^2 \rangle = \int_{-a}^{a} u^* \hat{p}^2 u \, dx$$

$$= \int_{-a}^{a} \left(\frac{1}{\sqrt{a}} \cos kx \right) \left(-i\hbar \frac{d}{dx} \right)^2 \left(\frac{1}{\sqrt{a}} \cos kx \right) dx$$

$$= -\frac{\hbar^2}{a} \int_{-a}^{a} \cos kx \cdot \frac{d^2}{dx^2} (\cos kx) \, dx$$

$$= \frac{\hbar^2 k^2}{a} \int_{-a}^{a} \cos^2 kx \, dx$$

$$= \frac{\hbar^2 k^2}{2a} \int_{-a}^{a} (1 + \cos 2kx) \, dx$$

図14-8●赤色の部分の正負の面積が等しいから，積分は0となる．

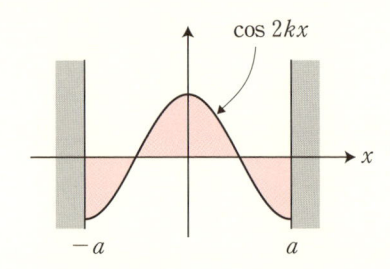

$\cos 2kx$ の積分は，その対称性より0だから（図参照），

$$= \frac{\hbar^2 k^2}{2a} \Big[x \Big]_{-a}^{a}$$

$$= \frac{\hbar^2 k^2}{2a} \Big[a - (-a) \Big]$$

$$= \boxed{\text{(a)}}$$

すなわち，

$$\Delta p = \hbar k = \frac{\pi \hbar}{2a}$$

図14-9

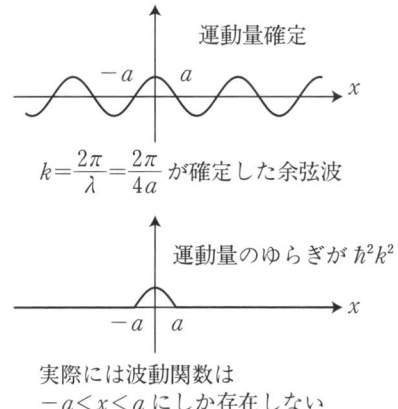

運動量確定

$k = \dfrac{2\pi}{\lambda} = \dfrac{2\pi}{4a}$ が確定した余弦波

運動量のゆらぎが $\hbar^2 k^2$

実際には波動関数は
$-a < x < a$ にしか存在しない

これは，とても面白い結果である。運動量は期待値 0 だが，確定しているわけではなく，$\hbar k$ だけの不確定性をもっているのである。ところで，$\hbar k$ とは，$\cos kx$ の波が無限につづいていると考えたときの，まさに確定した運動量である (図参照)。

以上より，

$$\Delta x \Delta p = \sqrt{\dfrac{1}{3} - \dfrac{2}{\pi^2}}\, a \cdot \dfrac{\pi \hbar}{2a}$$

$$= \boxed{\text{(b)}} \quad \cdots\cdots (\text{答})$$

$\hbar$ についた係数の値は，だいたい 0.57 である。これは，一般論の，

$$\Delta x \Delta p \geq \dfrac{\hbar}{2}$$

にかなり近い値である (少なくとも 1/2 より小さくはない)。

さてそれでは，エネルギーと運動量の関係はどうであろうか。

じつは，エネルギーの期待値とゆらぎについては，計算するまでもない。$\cos kx$ がエネルギーの固有関数だからである。しかし，それでは心配な方のために，確認の計算をしてみよう (それは不確定性関係と演算子・固有値の関係を確かめるよい練習でもある)。

まず期待値から，

$$\langle E \rangle = \int_{-a}^{a} u^* \hat{H} u \, dx$$

$$= \int_{-a}^{a} \left(\frac{1}{\sqrt{a}} \cos kx\right)\left(-\frac{\hbar^2}{2m}\frac{d^2}{dx^2}\right)\left(\frac{1}{\sqrt{a}} \cos kx\right) dx$$

$$= \frac{\hbar^2 k^2}{2am} \int_{-a}^{a} \cos^2 kx \, dx$$

積分の部分は，$\langle p^2 \rangle$と同じで，その値はaである

$$= \frac{\hbar^2 k^2}{2m} = \frac{\pi^2 \hbar^2}{8ma^2}$$

ということで，めでたく講義7で求めた結果と一致する。また，この値は，運動量を$p=\hbar k$とすると，$p^2/2m$となっている（当然のことなのであるが）。しかし，ここで$\hbar k$は，運動量の期待値ではなくΔpであることが，上にも述べたように面白いところである。

次に，ゆらぎ平均を求めよう。

$$\langle (\Delta E)^2 \rangle = \langle E^2 \rangle - \langle E \rangle^2$$

である。そこで，$\langle E^2 \rangle$を計算すると，

$$\langle E^2 \rangle = \int_{-a}^{a} u^* \hat{H}^2 u \, dx$$

であるが，この計算は，4回微分をする以外，上の計算とほとんど同じなので読者諸氏におまかせする。結果は，

$$= \frac{\hbar^4 k^4}{4m^2} = \langle E \rangle^2$$

となる。すなわち，

$$\langle E^2 \rangle = \langle E \rangle^2$$

だから，

$$\Delta E = \sqrt{\langle E^2 \rangle - \langle E \rangle^2} = 0$$

をうる。けっきょく，エネルギーの固有関数を使ってエネルギーの期待値とゆらぎを求めると，期待値は固有値に，ゆらぎは0になるということが確認できたわけである。

これより，

$$\Delta p \Delta E = \hbar k \cdot 0 = \boxed{\text{(c)}} \quad \cdots\cdots (答)$$

となり，

$$[\hat{p}, \hat{H}] = \hat{p}\hat{H} - \hat{H}\hat{p} = 0$$

という交換関係と矛盾しない。

　こうして冒頭のパラドックスは解けた。いかがであろうか。◆

(a) $\hbar^2 k^2$　　(b) $\sqrt{\dfrac{1}{3} - \dfrac{2}{\pi^2}}\dfrac{\pi\hbar}{2}$　　(c) 0

講義 LECTURE 15

量子力学の構造3
―マトリックス表示とスピン―

　量子力学が一通りの完成をみるのは1926年であるが,（講義2でもふれたが）そのときの事情はこうである.

●マトリックス力学と波動力学

　まず,1925年にハイゼンベルクがマトリックス力学を提唱し,1926年にシュレーディンガーが波動力学を提唱した.最初,この2つは別々の理論だと思われたが,すぐに数学的に同値のものであることが判明した.以降,量子力学は,その解法として,行列（マトリックス）による方法とシュレーディンガーの波動方程式を解く方法の2つを得たのだが,じっさいの適用については,シュレーディンガーの方法の方がはるかに簡単であった.その結果,たいていの計算はシュレーディンガー方程式でやるようになったのである.

　本書が,シュレーディンガー流であるのは一目瞭然である.古い量子力学のテキストには,ハイゼンベルク流を紹介したものもあるが,大学初年級の物理としてはそこまで立ち入る必要はないであろう.

　しかし,量子力学に行列（マトリックス）を導入すること自体には,非常に便利な点がある（とくに,後で紹介する電子のスピンの考察では有用である）.そこで,ハイゼンベルクの理論には立ち入らず,マトリックスの便利な使い方だけを借用しようというのが,本講の主旨である.

●行列の固有値問題

　すでに,われわれは物理量を演算子とみなし,その観測値を得ることを,固有値方程式として扱った.念のため復習しておけば,

$$\text{演算子} \times \text{固有関数} = \text{固有値} \times \text{固有関数}$$

という関係であった。

　ところで，大学初年級の線形代数の講義で，読者のみなさんは行列の固有値問題というのを解かれたことがあるだろう。それは，まさに上の固有値方程式と同じ形をしていたはずである。

　大学に入学して，右も左も分からず講義を聴いていると，行列の固有値問題などが，いったい物理と何の関係があるのだろうといぶかしく思うものだが，この線形代数の講義は，何にもまして量子力学の理解のためにあるのである（あくまで基礎物理の教師の立場で考えればの話だが）。

　これまでの微分演算子による方程式と，マトリックスによる固有値方程式には，きわめて明快な関係がある。

　話を簡単にするため2行2列の行列で考える（じっさい電子のスピンは，2行2列で扱えるのである）。

　演算子を2行2列の行列，固有関数を2行1列の行列にする（これは，2つの数を縦に並べただけだから，2元ベクトルとみなせる）。そうすると，その積は，2行1列のベクトルとなる。

　つまり，前講までで述べてきた物理量 $\hat{A}$ の観測を，行列の言葉で表現すれば，次のようになる。

　物理量 $\hat{A}$ を（2行2列の）行列 $\hat{A}$ で表し，波動関数を（2行1列の）ベクトル ϕ で表すと，物理量 $\hat{A}$ を観測するとは，ベクトル ϕ に行列 $\hat{A}$ をかけ算することに相当する。このかけ算によって，2行1列のベクトルが生じるが，このベクトルが，もとのベクトル ϕ と向きが変わらないなら，ϕ は $\hat{A}$ の固有関数である。このとき生じたベクトルが，もとのベクトルの長さの a 倍であるとき，a が固有値，すなわち物理量 $\hat{A}$ の確定した観測値である。式で書くなら，

$$\underbrace{\begin{pmatrix} \cdot & \cdot \\ \cdot & \cdot \end{pmatrix}}_{\hat{A}} \underbrace{\begin{pmatrix} \cdot \\ \cdot \end{pmatrix}}_{\phi} = a \underbrace{\begin{pmatrix} \cdot \\ \cdot \end{pmatrix}}_{\phi}$$

となる。

微分演算子というのは，「ちゅうぶらりん」で気持ちの悪いものであったが，行列となるとあまり違和感がないであろう．それに対して，波動関数がベクトルになるというのが，よく分からないかもしれない．しかし，それは次のように考えればよい．

x 空間で見たある波動関数 $\psi(x)$ は，x の各点各点である値(複素数)をもった量である．x が連続で無限につづくところが問題ではあるが，もし，x として 2 点しかなければ，波動関数はその 2 点における値で決まる．つまり，2元ベクトルと同じである．

図15-1 $\psi(x)$ は無限次元のベクトルとみなせる．

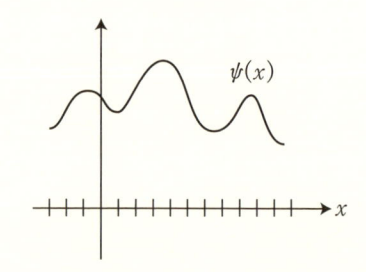

それゆえ，これまで見てきたような $\psi(x)$ を表現するためには，連続かつ無限の要素をもつベクトルを考えないといけない．それがちょっと面倒そうであるから，ずっと微分方程式という方法でやってきたのである．しかし，電子のスピンは，$+\frac{1}{2}\hbar$ か $-\frac{1}{2}\hbar$ の 2 つの値しか取り得ない．つまり，「スピン空間」で量子力学を考えるときには，微分方程式より 2 行 2 列の行列でやった方が話が簡単なのである．

図15-2 単位ベクトル i, j は 2 次元平面の直交完全系をなす．

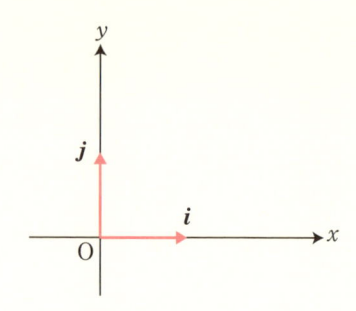

それ以外に，14講でもちょっとふれた固有関数の正規直交完全系というものを理解するのにも，行列表示は便利なのである．たとえば，力学や電磁気学などでもしょっちゅう出てくる，2次元ベクトルにおけるx方向の単位ベクトルiと，y方向の単位ベクトルjは，まさに直交完全系の基底をなすベクトルとなっている．固有関数というのは，この単位ベクトルのようなものなのである．

そこで話を戻して，固有値方程式をもう一度，見てみよう．

（演算子としての行列$\hat{A}$）×（縦ベクトルϕ）＝固有値a×（縦ベクトルϕ）

図15-3●$\hat{A}$をかけると，固有ベクトルϕは方向が変わらず長さがa倍になる．

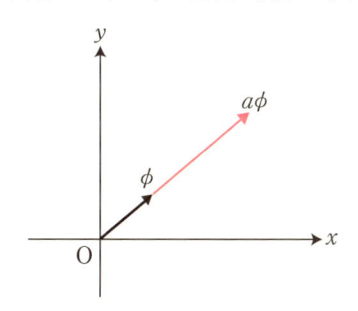

一般に，縦ベクトルϕに（左から）行列$\hat{A}$をかけると，別の縦ベクトルϕ'を作るが，この固有値方程式がいっていることは，行列$\hat{A}$をかけたことによって生じたベクトルが，もとの縦ベクトルϕと同じ方向だということである．固有値aは，縦ベクトルϕの中に入れれば，すべての要素にaをかけることだから，ベクトルの向きは変わらず，その長さがa倍に伸びたと考えればよい．

このように行列$\hat{A}$をかけることによって方向が変わらないようなベクトルを，行列$\hat{A}$の**固有ベクトル**（固有関数に対応）というのである．

話がかなり見えてきたところで，じっさいに計算してみよう．

問1 行列$\begin{pmatrix} 0 & 1 \\ 1 & 0 \end{pmatrix}$の固有値はいくらか．また，固有ベクトルはどのように書けるか．

解答 固有値をa，固有ベクトルを$\begin{pmatrix} e_1 \\ e_2 \end{pmatrix}$と書いて，固有値方程式を書くと，

となる。この左辺は，

$$\begin{pmatrix} 0 & 1 \\ 1 & 0 \end{pmatrix} \begin{pmatrix} e_1 \\ e_2 \end{pmatrix} = a \begin{pmatrix} e_1 \\ e_2 \end{pmatrix}$$

となる。この左辺は，

$$\begin{pmatrix} e_2 \\ e_1 \end{pmatrix}$$

となるから，けっきょく，

$$\begin{pmatrix} e_2 \\ e_1 \end{pmatrix} = a \begin{pmatrix} e_1 \\ e_2 \end{pmatrix}$$

である。よって，

$$\begin{cases} e_2 = ae_1 \\ e_1 = ae_2 \end{cases}$$

の簡単な連立方程式を解けばよい。2式をかけ合わせると，

$$e_2 e_1 = a^2 e_1 e_2$$

だから，

$$a^2 = 1$$

すなわち，

$$a = 1 \text{ または } -1 \quad \cdots\cdots \text{(答)}$$

と2つの解がある(固有値の数はベクトルの元の数だけある。ただし，固有値が同じ値になることもある。これは，量子力学の言葉でいえば縮退の状態に相当する)。

e_1 と e_2 は一意的には決まらない。未知数が e_1, e_2, a の3つに対して，条件式が2つしかないのだから，当然である。(これは波動関数の係数が一意的に決まらないのと同様である。すなわち，規格化することによって，固有ベクトルの要素は確定するのである。)

とりあえず，固有ベクトルの1つの要素を e としておくと，

$$a = 1 \text{ のとき}: \phi = \begin{pmatrix} e \\ e \end{pmatrix}$$

$a = -1$ のとき：$\phi = \begin{pmatrix} e \\ -e \end{pmatrix}$ ($\begin{pmatrix} -e \\ e \end{pmatrix}$ でも構わない) ……(答) ◆

●固有ベクトルの規格化

さて，波動関数を全確率が1になるように規格化したように，行列表示においても，固有ベクトルを規格化することにしよう。

その意味は明快で，ベクトルの長さを1にすればよいのである。

問2 問1で求めた固有ベクトルを規格化せよ。

解答 $\phi = \begin{pmatrix} e \\ e \end{pmatrix}$ のとき，その長さを1にするには，規格化の定数を α とでもおいて，

$$(\alpha e)^2 + (\alpha e)^2 = 1$$

となればよい(次図)。

図15-4●固有ベクトルの規格化。$\begin{pmatrix} \frac{1}{\sqrt{2}} \\ \frac{1}{\sqrt{2}} \end{pmatrix}$ とすれば，長さは1になる。

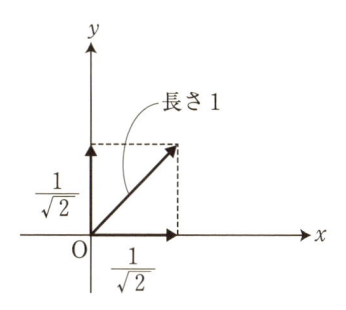

$$2(\alpha e)^2 = 1$$

より，

$$\alpha e = \frac{1}{\sqrt{2}}$$

となる。すなわち，規格化された固有ベクトルは，

$$\phi = \begin{pmatrix} \dfrac{1}{\sqrt{2}} \\ \dfrac{1}{\sqrt{2}} \end{pmatrix} \quad \cdots\cdots (答)$$

である。

$\phi = \begin{pmatrix} e \\ -e \end{pmatrix}$ についても，まったく同様であるから，規格化されたもう1つの固有ベクトルは，

$$\phi = \begin{pmatrix} \dfrac{1}{\sqrt{2}} \\ -\dfrac{1}{\sqrt{2}} \end{pmatrix} \quad \cdots\cdots (答)$$

である。

$\phi = \begin{pmatrix} -\dfrac{1}{\sqrt{2}} \\ -\dfrac{1}{\sqrt{2}} \end{pmatrix}$ や $\phi = \begin{pmatrix} -\dfrac{1}{\sqrt{2}} \\ \dfrac{1}{\sqrt{2}} \end{pmatrix}$ もまた固有ベクトルの条件をみたしている。これは，単位ベクトルとして，i や j の代わりに，$-i$ や $-j$ を用いるのと同じことで，さほど気にすることはない。

●複素ヒルベルト空間

　行列の固有値方程式に慣れたところで，次の重要なポイントに進もう。

　固有ベクトルとして，いまわれわれは2次元平面のベクトルをイメージしているが，じつは量子力学における固有ベクトルの要素は複素数である。これは，シュレーディンガー方程式において虚数 i が本質的なものとして姿を見せたのに呼応している。すなわち，われわれは複素ベクトル空間というものを考えないといけないのである。これはなかなかイメージしにくいから，ごくおおざっぱに考えるときには，ふつうの2次元平面をイメージしておけばよい。しかし，つねに「要素は複素数」ということを心しておかねばならない。

　そこで，数学的に定義しておかねばならないことは，複素ベクトルの長さとは何かという点である。

まず1つの複素ベクトル $c(=a+bi\ (a, b$は実数$))$ の長さは，
$$\sqrt{a^2+b^2}$$
であることは，複素平面を描いてみれば分かる。そして，これは，
$$\sqrt{c^*c}$$
であった。

いまわれわれが考えようとしているのは，1つの複素数をベクトルとするのではなく，1つの複素数をベクトルの1つの要素とする複素ベクトルである(混同しないように，よく頭を整理してほしい)。

すなわち，ベクトル $u=\begin{pmatrix} c_1 \\ c_2 \end{pmatrix}$ において，c_1 と c_2 は，それぞれ複素数である。このときのベクトルの長さを次のように考えるのは合理的であろう。

$$\sqrt{c_1^*c_1+c_2^*c_2}$$

これをベクトル u の**ノルム**と呼ぶ。ざっくばらんにいえば，これがベクトルの長さである。

さてノルムは，1つの実数(行列やベクトルではない)であるが，これを行列の演算式で書くと，次のようにすればよい。

$$(c_1^* \quad c_2^*)\begin{pmatrix} c_1 \\ c_2 \end{pmatrix}$$

つまり，縦ベクトル u を横ベクトルにし，それの複素共役をとり，それに縦ベクトル u をかければよいのである。そうすると，上の1行2列×2行1列の行列演算は，1行×1行すなわち1つの数になる。それの平方根をとればノルムとなる。

これをもう少し拡張して，同じベクトルではなく，別々の2つのベクトル，

$$u=\begin{pmatrix} c_1 \\ c_2 \end{pmatrix}$$

講義15●量子力学の構造3　　**225**

$$v = \begin{pmatrix} d_1 \\ d_2 \end{pmatrix}$$

を考え，これらの次のような積，

$$(c_1{}^* \quad c_2{}^*)\begin{pmatrix} d_1 \\ d_2 \end{pmatrix}$$

を，ベクトル u とベクトル v の**内積**と定義する。u と v が同じであるとき，この内積は，ベクトルの長さの2乗(ノルムの2乗)を表すことになる。

ここで，u というベクトルを横行列に変えたが，これは行列演算の言葉でいうと**転置行列**に変える操作(上ツキの「t」で表す)に相当する。すなわち，要素のタテとヨコの成分を入れ替える操作である。そこで，u と v の内積は，記号で書けば，

$$^t u^* v$$

となる。複素共役をとる操作と転置の操作の順序はどちらでもよい。

量子力学の行列計算においては，このような操作がしばしば登場するので，この転置・複素共役の操作をしたベクトル(行列)のことを，もとのベクトル(行列)の**エルミート共役**と呼び，記号「$\dagger$」で表す。

このようにして内積の定義された複素ベクトル空間のことを，数学の用語では**複素ヒルベルト空間**と呼ぶ。

定義や用語の説明ばかりで退屈したかもしれないが，結論を一言でいえば，ある量子系(何個の粒子でもよい)の1つの状態は，複素ヒルベルト空間における1つのベクトルに対応しているということである。

なぜそうなのかということは，よく分からない。しかし，そのように仮定しておくと，量子力学において現れるさまざまな現象が，見事なまでに数学的に説明できるということなのである。

●エルミート自己共役演算子

さて，もう少しだけ一般論をしておく。

講義13で見た演算子と固有値，固有関数の関係は，すべて行列の演算

として理解することができる。

たとえば，シュレーディンガー方程式
$$\hat{H}\psi = E\psi$$
は，$\hat{H}$ を(連続的な無限次元の)演算行列，ψ を(連続的な)複素(縦)ベクトル，E を固有値とみなせばよい。

このとき，固有値Eは実数でなければならなかったが，行列演算では，固有値が実数になるためには，演算子 $\hat{H}$ はある条件をみたさねばならない。ここでは証明は省くが(さほど難しいことではないので，線形代数のテキストを参考にしてほしい)，演算子行列 $\hat{H}$ は，
$$\hat{H}^\dagger = \hat{H}$$
でなくてはならない。つまり行列 $\hat{H}$ のエルミート共役行列が，行列 $\hat{H}$ と同じでなくてはならない。すなわち，行列は正方行列で，その対角線に対して対称で，なおかつその対応する要素が互いに複素共役になっているということである。

このような行列演算子を，**自己共役演算子**というが，量子力学ではふつう，たんに**エルミート行列**と呼ぶことが多い。

すなわち，あらゆる物理量はエルミート行列によって表現される(ただし，「基底」とする空間をどうとるかという問題は，前講までと同じである)。

エルミート行列 $\hat{A}$ の固有ベクトルが u であるとき，その期待値は，
$$\langle A \rangle = u^\dagger \hat{A} u$$
という行列演算で計算できる。これが連続無限次元ではタメ息が出るが(しかし計算は不可能ではない)，要素が2つしかないのであれば，行列でやった方がはるかに簡単である。

また，不確定性原理にかかわる2つの演算子が可換か否かは，2つの行列が可換か否かという単純明快な形で現れる。

その他，ここではこれ以上，くどくどと説明はしないが，シュレーディンガー方程式においておこなったさまざまな操作が，すべて複素ヒルベルト空間の行列演算に置き換えることができるのである。

●電子のスピン

ということで，最後は電子のスピンで話をしめくくることにしよう。

ここでは紙幅の関係で詳しく述べないが，講義12で見た電子の角運動量の議論を，演算子の交換関係を使って追っていくと，けっきょく角運動量の固有値としては，一般論として，$\hbar$の整数倍以外に半整数倍も，理屈の上からは解となることが分かる。

しかし，電子の軌道角運動量としては，$\hbar$の整数倍の解しか存在しない。

そのようなときに，より高度な議論(ディラックの相対論的波動方程式)から，電子には内部角運動量というものがあることが分かってきた。これは，水素原子に磁場をかけたときの様子からも観測されるもので，古典的にいえば電子の自転に相当する(地球の角運動量として，太陽の周囲を回る軌道角運動量以外に，自転の角運動量があるのと同じである)。それゆえ，これを電子の**スピン**と呼ぶ。

図15-5●スピンは古典的には電子の自転を意味する。

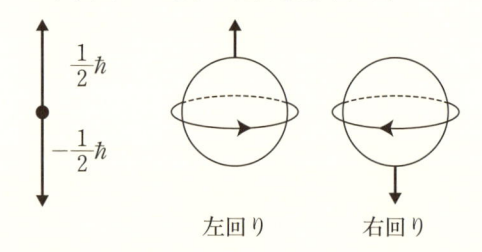

$\frac{1}{2}\hbar$
$-\frac{1}{2}\hbar$

左回り　右回り

この内部角運動量(スピン)は，エネルギーなどと同様，量子化されており，じっさい観測すると，$+\frac{1}{2}\hbar$か，$-\frac{1}{2}\hbar$の2つの値しかとりえない(古典的にいえば，右回転と左回転)。つまり，一般論で導かれる半整数倍の角運動量に相当するわけである($\frac{3}{2}\hbar$や$\frac{5}{2}\hbar$といったスピン固有値をとる粒子も存在するが，電子の場合は$\frac{1}{2}\hbar$だけである)。

ふつうの量子状態では，電子のスピンは，それ以外の物理量とは独立に存在する(地球の自転が，公転とは独立であるように)。そこで，たと

えば水素原子における電子の波動関数を表す場合には，電子のとりうるスピン（2つに1つ）を s と書いて，
$$\psi(x, s)$$
で表記すればよいのだが，これを別々に，
$$\psi(x)S(s)$$
として，スピンの波動関数だけを独立に扱ってよい。

　つまり，このときこそ，スピンを行列で表すのが便利なのである。

　スピンの演算子を表す行列もまた角運動量の一般論から導かれるが，ここでは天下りながら，結果を与えておく。これは**パウリのスピン行列**と呼ばれている。ただし，$\frac{1}{2}\hbar$ の定数部分は除いておく。

$$\hat{\sigma}_x = \begin{pmatrix} 0 & 1 \\ 1 & 0 \end{pmatrix}, \ \hat{\sigma}_y = \begin{pmatrix} 0 & -i \\ i & 0 \end{pmatrix}, \ \hat{\sigma}_z = \begin{pmatrix} 1 & 0 \\ 0 & -1 \end{pmatrix}$$

いずれもエルミート演算子であることは，容易に確認できるであろう。

●量子力学を創った人々

ディラック（1902-84）

スピン行列の固有値と固有関数

演習問題 15-1

$\hat{\sigma}_z$ の固有値と固有ベクトルを求めよ。

解答&解説 固有ベクトルを $u = \begin{pmatrix} e_1 \\ e_2 \end{pmatrix}$, 固有値を a とすると,固有値方程式は,

$$\begin{pmatrix} 1 & 0 \\ 0 & -1 \end{pmatrix} \begin{pmatrix} e_1 \\ e_2 \end{pmatrix} = a \begin{pmatrix} e_1 \\ e_2 \end{pmatrix}$$

左辺の演算をすれば

$$\begin{pmatrix} e_1 \\ -e_2 \end{pmatrix} = a \begin{pmatrix} e_1 \\ e_2 \end{pmatrix}$$

をうるので,解くべき連立方程式は,

$$\begin{cases} e_1 = ae_1 \\ -e_2 = ae_2 \end{cases}$$

一見,このような方程式をみたす a の実数解は存在しないように思えるが,そうではない。少し変形して,

$$\begin{cases} e_1(a-1) = 0 & \cdots\cdots① \\ e_2(a+1) = 0 & \cdots\cdots② \end{cases}$$

式①より,$a=1$ を解とすると,このとき e_1 は任意でよい。また,式②より,e_2 は 0 でなくてはならない。規格化は簡単だから,ついでにしておけば,

固有値 $a=1$:このとき固有ベクトル $u = \begin{pmatrix} 1 \\ 0 \end{pmatrix}$ ……(答)

また,式②より,$a=-1$ を解とすると,e_2 は任意でよく,e_1 は 0 でなくてはならない。そこで,規格化まですれば,

固有値 $a=-1$:このとき固有ベクトル $u = \begin{pmatrix} 0 \\ 1 \end{pmatrix}$ ……(答)

この解の意味することは,電子のスピンの z 成分を観測すると,かな

らず 1 (つまり $\frac{1}{2}\hbar$) か -1 (つまり $-\frac{1}{2}\hbar$) のどちらかをとるということである。また，それぞれの波動関数が，$\begin{pmatrix}1\\0\end{pmatrix}$ と $\begin{pmatrix}0\\1\end{pmatrix}$ になるのも明らかである。波動関数の絶対値の 2 乗が確率を表すのだから，$\begin{pmatrix}1\\0\end{pmatrix}$ は，スピン $+1$ が 100 パーセント，$\begin{pmatrix}0\\1\end{pmatrix}$ は，スピン -1 が 100 パーセントの確率で観測されるということである。◆

演習問題 15-2 スピン行列の交換関係

パウリのスピン行列の，それぞれの交換関係を求めよ。すなわち，

$$[\hat{\sigma}_x, \hat{\sigma}_y],\ [\hat{\sigma}_y, \hat{\sigma}_z],\ [\hat{\sigma}_z, \hat{\sigma}_x]$$

の値は，それぞれいくらか。

解答&解説 2 行 2 列の行列の積の計算をしていけばよい。

$$\hat{\sigma}_x \hat{\sigma}_y = \begin{pmatrix}0 & 1\\1 & 0\end{pmatrix}\begin{pmatrix}0 & -i\\i & 0\end{pmatrix} = \begin{pmatrix}i & 0\\0 & -i\end{pmatrix}$$

$$\hat{\sigma}_y \hat{\sigma}_x = \begin{pmatrix}0 & -i\\i & 0\end{pmatrix}\begin{pmatrix}0 & 1\\1 & 0\end{pmatrix} = \begin{pmatrix}-i & 0\\0 & i\end{pmatrix}$$

よって，

$$[\hat{\sigma}_x, \hat{\sigma}_y] = \hat{\sigma}_x \hat{\sigma}_y - \hat{\sigma}_y \hat{\sigma}_x$$
$$= 2i\begin{pmatrix}1 & 0\\0 & -1\end{pmatrix} \quad \cdots\cdots (答)$$

これは，じつは $2i\sigma_z$ に等しい。また，この結果から，σ_x と σ_y は同時に確定しないことが分かる。

$$\hat{\sigma}_y\hat{\sigma}_z = \begin{pmatrix} 0 & -i \\ i & 0 \end{pmatrix}\begin{pmatrix} 1 & 0 \\ 0 & -1 \end{pmatrix} = \begin{pmatrix} 0 & i \\ i & 0 \end{pmatrix}$$

$$\hat{\sigma}_z\hat{\sigma}_y = \begin{pmatrix} 1 & 0 \\ 0 & -1 \end{pmatrix}\begin{pmatrix} 0 & -i \\ i & 0 \end{pmatrix} = \begin{pmatrix} 0 & -i \\ -i & 0 \end{pmatrix}$$

よって，

$$[\hat{\sigma}_y, \hat{\sigma}_z] = \hat{\sigma}_y\hat{\sigma}_z - \hat{\sigma}_z\hat{\sigma}_y$$

$$= 2i\begin{pmatrix} 0 & 1 \\ 1 & 0 \end{pmatrix} \quad \cdots\cdots(答)$$

これは，$2i\sigma_x$ に等しい。σ_y と σ_z もまた同時には確定しえない。

$$\hat{\sigma}_z\hat{\sigma}_x = \begin{pmatrix} 1 & 0 \\ 0 & -1 \end{pmatrix}\begin{pmatrix} 0 & 1 \\ 1 & 0 \end{pmatrix} = \begin{pmatrix} 0 & 1 \\ -1 & 0 \end{pmatrix}$$

$$\hat{\sigma}_x\hat{\sigma}_z = \begin{pmatrix} 0 & 1 \\ 1 & 0 \end{pmatrix}\begin{pmatrix} 1 & 0 \\ 0 & -1 \end{pmatrix} = \begin{pmatrix} 0 & -1 \\ 1 & 0 \end{pmatrix}$$

よって，

$$[\hat{\sigma}_z, \hat{\sigma}_x] = \hat{\sigma}_z\hat{\sigma}_x - \hat{\sigma}_x\hat{\sigma}_z$$

$$= 2\begin{pmatrix} 0 & 1 \\ -1 & 0 \end{pmatrix} \quad \cdots\cdots(答) \qquad ◆$$

これは，どの行列にも相当しないように見えるが，i でくくりだせば，$2i\sigma_y$ であることが分かる。

こうして，スピンのどの成分も互いに可換ではない。つまり，1つの方向のスピンを観測してしまうと，他の方向のスピンは不確定になるということを意味している。これまでのさまざまな議論からして，この結果は少しも不思議ではなく，むしろあたりまえすぎて，つまらないくらいである。

> **実習問題 15-1** $\hat{\sigma}_x$ と $\hat{\sigma}_y$ の期待値とゆらぎ
>
> $\hat{\sigma}_z$ を観測したときの値が，（係数 $\frac{1}{2}\hbar$ を除き）$+1$ の場合と -1 の場合のそれぞれについて，そのときの $\hat{\sigma}_x$ と $\hat{\sigma}_y$ の期待値とゆらぎを（係数 $\frac{1}{2}\hbar$ を除き）それぞれ求めよ。

解答&解説 演習問題 15-2 で見た交換関係から，ゆらぎは 0 ではないと予測される。とりあえず，順番に計算してみよう。

まず $\hat{\sigma}_x$ について考える。

(1) $\hat{\sigma}_z$ の観測値が $+1$ のとき，すなわち固有ベクトルが $\begin{pmatrix} 1 \\ 0 \end{pmatrix}$ のとき。要素は実数だから，複素共役をとってもそのままである。

$$\langle \hat{\sigma}_x \rangle = u^\dagger \hat{\sigma}_x u = (1 \ 0) \begin{pmatrix} 0 & 1 \\ 1 & 0 \end{pmatrix} \begin{pmatrix} 1 \\ 0 \end{pmatrix}$$

行列の計算は，順序さえ変えなければ，どこからとりかかってもよい。後の 2 つの演算を先にすれば

$$= (1 \ 0) \begin{pmatrix} 0 \\ 1 \end{pmatrix} = \boxed{\text{(a)}} \quad \cdots\cdots(\text{答})$$

これは十分考えられる結果である。つまり，$\hat{\sigma}_x$ の観測値はまったく不確定であるが，$+1$ と -1 になる確率がそれぞれ 50 パーセントずつだとすれば，その期待値は 0 となる。

次にゆらぎを求めてみよう。

$$\begin{aligned}
\langle \hat{\sigma}_x^2 \rangle &= u^\dagger \hat{\sigma}_x^2 u \\
&= (1 \ 0) \begin{pmatrix} 0 & 1 \\ 1 & 0 \end{pmatrix} \begin{pmatrix} 0 & 1 \\ 1 & 0 \end{pmatrix} \begin{pmatrix} 1 \\ 0 \end{pmatrix} \\
&= (1 \ 0) \begin{pmatrix} 0 & 1 \\ 1 & 0 \end{pmatrix} \begin{pmatrix} 0 \\ 1 \end{pmatrix} \\
&= (1 \ 0) \begin{pmatrix} 1 \\ 0 \end{pmatrix}
\end{aligned}$$

$$= 1$$

よって，ゆらぎの2乗平均は，
$$(\varDelta \sigma_x)^2 = \langle \hat{\sigma}_x{}^2 \rangle - \langle \hat{\sigma}_x \rangle^2$$
$$= 1 - 0 = 1 \quad \cdots\cdots (答)$$

これもまた予想される結果である。つまり，スピンの期待値は0であるが，じっさいには+1か-1のどちらかである。よってそのばらつきの度合いは，1程度であろう。

(2) 次に，$\hat{\sigma}_z$の観測値が-1のとき，すなわち固有ベクトルが$\begin{pmatrix} 0 \\ 1 \end{pmatrix}$の場合について計算してみよう。

$$\langle \hat{\sigma}_x \rangle = u^\dagger \hat{\sigma}_x u$$
$$= \begin{pmatrix} 0 & 1 \end{pmatrix} \begin{pmatrix} 0 & 1 \\ 1 & 0 \end{pmatrix} \begin{pmatrix} 0 \\ 1 \end{pmatrix} = \begin{pmatrix} 0 & 1 \end{pmatrix} \begin{pmatrix} 1 \\ 0 \end{pmatrix}$$
$$= 0 \quad \cdots\cdots (答)$$

やはり期待値は0である。

$$\langle \hat{\sigma}_x{}^2 \rangle = u^\dagger \hat{\sigma}_x{}^2 u$$
$$= \begin{pmatrix} 0 & 1 \end{pmatrix} \begin{pmatrix} 0 & 1 \\ 1 & 0 \end{pmatrix} \begin{pmatrix} 0 & 1 \\ 1 & 0 \end{pmatrix} \begin{pmatrix} 0 \\ 1 \end{pmatrix}$$
$$= \begin{pmatrix} 0 & 1 \end{pmatrix} \begin{pmatrix} 0 & 1 \\ 1 & 0 \end{pmatrix} \begin{pmatrix} 1 \\ 0 \end{pmatrix}$$
$$= \begin{pmatrix} 0 & 1 \end{pmatrix} \begin{pmatrix} 0 \\ 1 \end{pmatrix}$$
$$= 1$$

よって，ゆらぎは，
$$\langle \varDelta \sigma_x \rangle^2 = \langle \hat{\sigma}_x{}^2 \rangle - \langle \hat{\sigma}_x \rangle^2$$
$$= \boxed{\text{(b)}} \quad \cdots\cdots (答)$$

ということで，やはり1程度のばらつきがある。どちらの固有ベクトルであっても同じ結果となる。これも対称性から予測されることである。

次に $\hat{\sigma}_y$ について考える。

(1) $\hat{\sigma}_z$ の観測値が $+1$, すなわち固有ベクトルが $\begin{pmatrix} 1 \\ 0 \end{pmatrix}$ のとき。

$$\langle \hat{\sigma}_y \rangle = u^\dagger \hat{\sigma}_y u$$
$$= (1 \ 0) \begin{pmatrix} 0 & -i \\ i & 0 \end{pmatrix} \begin{pmatrix} 1 \\ 0 \end{pmatrix}$$
$$= 0 \quad \cdots\cdots (答)$$

となり, やはり期待値は 0 である。

$$\langle \hat{\sigma}_y{}^2 \rangle = u^\dagger \hat{\sigma}_y{}^2 u$$
$$= (1 \ 0) \begin{pmatrix} 0 & -i \\ i & 0 \end{pmatrix} \begin{pmatrix} 0 & -i \\ i & 0 \end{pmatrix} \begin{pmatrix} 1 \\ 0 \end{pmatrix}$$
$$= 1$$

となるので, ゆらぎ 2 乗平均は,

$$(\varDelta \sigma_y)^2 = \langle \hat{\sigma}_y{}^2 \rangle - \langle \hat{\sigma}_y \rangle^2$$
$$= \boxed{(c) \quad} \quad \cdots\cdots (答)$$

となり, やはりゆらぎは 1 である。

(2) $\hat{\sigma}_z$ の観測値が -1, すなわち固有ベクトルが $\begin{pmatrix} 0 \\ 1 \end{pmatrix}$ のとき。

$$\langle \hat{\sigma}_y \rangle = u^\dagger \hat{\sigma}_y u$$
$$= (0 \ 1) \begin{pmatrix} 0 & -i \\ i & 0 \end{pmatrix} \begin{pmatrix} 0 \\ 1 \end{pmatrix}$$
$$= \boxed{(d) \quad} \quad \cdots\cdots (答)$$

でやはり 0。

$$\langle \hat{\sigma}_y{}^2 \rangle = u^\dagger \hat{\sigma}_y{}^2 u$$
$$= (0 \ 1) \begin{pmatrix} 0 & -i \\ i & 0 \end{pmatrix} \begin{pmatrix} 0 & -i \\ i & 0 \end{pmatrix} \begin{pmatrix} 0 \\ 1 \end{pmatrix}$$
$$= 1$$

よって,

$$(\varDelta \sigma_y)^2 = \langle \hat{\sigma}_y{}^2 \rangle - \langle \hat{\sigma}_y \rangle^2 = 1 - 0$$
$$= 0 \quad \cdots\cdots (答)$$

けっきょく答えはすべて予想通りである。冗長になるのでもう記さないが，$\hat{\sigma}_x$ や $\hat{\sigma}_y$ の固有関数を求め，それによって他のスピン成分の期待値を求めても，同じ結果をうる。

ようするに，電子のスピンは1方向のみが確定可能であって，このとき，他の方向についての観測値は，+1と-1が半々の不確定状態になるということである。◆

電子のスピンは，本書においても最後に扱うことになったが，じつは量子力学の計算の中ではいちばん簡単なものであることがお分かりであろう。ただし，スピンの計算が簡単と実感するためには，量子力学的世界の構造を把握しておかねばならない。これは，計算の難しさではなく，発想の柔軟性である。

位置や運動量というものに対して，ニュートン流の考えに凝り固まっていると，本講のようなものの考え方になかなかなじめないのである。しかし，ここまで本書を読まれた読者諸氏にとっては，もはやそのような心配もないであろう。

次講で，実在とは何かという量子力学の哲学「風」本質に迫って，本書のしめくくりとすることにしよう。

(a) 0　　(b) 1　　(c) 1　　(d) 0

講義 16 LECTURE
エピローグ
──哲学風考察──

　前講までで，われわれは量子力学の基礎をほぼ学び終えた。ここまで読み進めてこられた読者の方々は，シュレーディンガー方程式の解き方やその意味，さらには物理量を演算子で表すことや固有値，固有関数の意味などをおおむね納得されたことだろうと思う。より高度な応用面を学びたい方は，それぞれの専門書を繙(ひもと)いて頂きたい。予想以上に容易に読み進むことができるだろう。量子力学の解法という意味でぼくがお教えすることは，これで終わりである。そういう意味で，本講は読んでも読まなくてもいい，つけたしのようなものである。興味のおありの方は，読了後のコーヒー・ブレイクのようなつもりでお聴き頂ければ幸いである。

　そもそも，量子力学を何のために学ぶのであろうか。
　単位を取るため──というのも目的の1つではあろうが，それだけでは少々淋しい。
　単位は取らねばならない。それはあたりまえである。しかし，長い人生にとって，それは些細なことでしかない。
　量子力学は，われわれが生きているこの宇宙がどのような構造でできているかという世界観に，革命的な変革をもたらした。個人的な思い入れでいうなら，量子力学を学ぶ理由は，この世界の構造を知りたいからである。
　ガリレイやニュートンが，アリストテレス流の世界観を覆したことは，革命的なことであった。それはそれで凄いことだと思う。しかし，ニュートン流の力学的世界観は，人生を味気ないものにしたことも事実である。

19世紀になると，物質の究極の単位として，原子というものがあることがはっきりしてきて，その原子にニュートンの運動方程式を適用すれば，物質世界の運動は，理論的にはすべて予測できると考えられるようになった。現実にそのような運動方程式を解くことは不可能であるが，それは理論が不備だからではなく，原子の数があまりに多く，作業として不可能であるからにすぎない。

　このような世界観は，哲学の言葉でいうと唯物論と呼ばれる。この世界にあるのは，原子を単位とする物質だけである(光もそこに含めるけれども)。原子の集合がさまざまな化学物質を作り，それらが細胞を構成し，脳を含めた人間の体もまた，それらの集合にすぎない。科学の思想は，基本的にはいまでもこのような唯物論である。

　しかしいまでは，原子にニュートンの運動方程式を適用できると考えている科学者は1人もいない。それは間違いであり，原子には量子力学を適用しなければならないことは，いまや科学の常識である。

　さて，それでは量子力学の思想は，唯物論なのか否か，ということになると，科学者の意見は分かれてくる。というよりも，科学者はふつうそのようなことを考えないのである。科学というのは物質を扱う学問であり，唯物論は科学の前提なのである。だから，量子力学の世界観とはいかなるものか——という話をする人は，もはや科学者ではないわけである。本講が「つけたし」である理由も，そんなところにある。

　ところで，唯物論に対抗する哲学は，観念論である。ここで代表的な2人の観念論哲学者の考えを紹介してみよう。

　1人は，紀元前4世紀，古代ギリシァのアテネに生きたプラトンである。

　プラトンは『国家』という著作の中で，次のような話をしている(この本は，理想の国家とはどのようなものかという，いわば政治の話を扱っているのだが，それを正義や真理といった純粋な哲学的議論によって展開していく，とても面白い本である)。

図16-1 ●プラトンの『国家』に出てくる洞窟の話

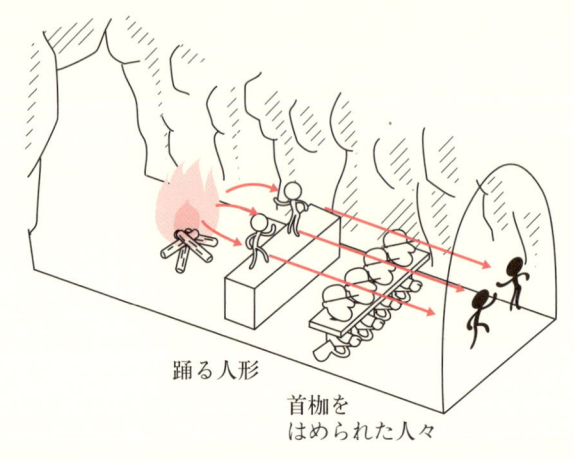

踊る人形

首枷を
はめられた人々

　われわれ人間は，世界を構成している本当の実在（これをプラトンは，イデアと呼ぶ）を知らない。その理由は，人間が，生まれたときから，洞窟の中に首枷をはめられて囚われた囚人のような存在だからである。首枷をはめられた囚人は，首を回すことができないので，洞窟の壁しか見ることができない。その壁には，人形やらいろいろの事物の影が動くのが映っているのだが，それは，囚人たちの背後に人形やその他のものが動いていて，それが背後の火によって照らされ，その影がうごめいているのである。

　生まれたときから洞窟の壁だけを見てきた囚人には，壁に映る影こそがこの世界の実在だと思うであろう（なぜなら，背後のじっさいの事物など，一度も見たことがないのだから）。しかし，もし囚人の中の誰かが首枷をはずされ，後ろを振り向くことができたとすれば，本物の人形と壁の影のどちらを実在だと思うかは明らかである（しかし，そのようなことは，囚人にとって苦痛であるだろう——とプラトンはいっている）。

　このようなたとえで，プラトンは，われわれの住む物質世界は，真の実在であるイデアの世界の影なのだと主張したのである。これは，物質世界とは違ったイデアの世界があるということで，このような考え方が観念論である。

　読者の方々は，このプラトンの洞窟の話を，どのように感じられるだ

ろうか。

　私的な経験であるが，かつてハイゼンベルクが来日し講演したとき，学生であったぼくは，その高度な内容などほとんど分からなかったのであるが，講演の最後に述べられた「私はプラトンの後継者である」という意味の一節が，忘れがたく印象に残っている。ハイゼンベルクの真意が何であったかは知る由もないが，少なくとも彼は，われわれが知っている物質世界とは別に，実在世界があるということを信じていたようである。

　多くの物理学者は，そのようなところまで踏み込まない。そんなことを考えても，研究成果を得られないからである。われわれが知っている世界以外の実在があるか，ないか，そんなことはどうでもよろしい。シュレーディンガー方程式が，実験事実とぴったり合う答えを提供してくれる。それで十分ではないですか——というわけである。

　さて，もう1人の観念論哲学者を紹介しよう。

　それは，ニュートン力学が誕生した次の世紀に生きたエマニュエル・カントである。カントがニュートンの力学的世界観をよく知っていたことは疑いない。

　しかしカントは，ニュートン力学が世界のすべてを説明するとは思っていなかった。カントの哲学の特徴は，人間の理性には限界があるということを示したことである。真の実在というものはある（それをカントは，「物自体」と呼ぶ）。しかし，「物自体」はけっして人間の感覚や理性で知りうるものではない。それゆえ，「物自体」がどんなものであるか，議論することはできないのである。そうした理性の限界によって，人間には道徳や美や芸術というものが価値と意味をもってくるのである——と，素人流の理解によれば，カントの哲学はこのようなものである。

　さて，話を量子力学に戻そう。量子力学は，位置や運動量といった，われわれが自明のことと思っている物理量を，演算子という「ちゅうぶらりん」の数学的存在にしてしまう。これは，われわれが観測する物理量というものが，真の実在ではないということを強く示唆する。位置は，位置ではないか。運動量という概念が分かりにくければ，速度にすれば

話は分かる。速度とは，ものの速さではないか。それは，現に測定装置で測れば見える実在ではないか——と主張する人は，じつは洞窟に首枷されて囚われた囚人なのである。

　赤い色——というものは実在するであろうか。科学的知識をもたず，感覚的世界に生きている人にとって，赤とは実在そのものである。赤い色を説明するのに，赤という言葉以外の言葉はないからである（じつは，プラトンの哲学では，真の「赤」というイデアが存在する。しかし，真の「赤」を見た人は誰もいない。われわれが日常感じる「赤」は，洞窟の影としての「赤」である）。

　しかし，物理学は，「赤」は物質ではないことを明らかにした。それは，ある波長の電磁波が人の網膜細胞を刺戟し，それが脳に伝達されて生じる感覚であるにすぎない。

　「温度」というものは，実在するであろうか。温度は，熱力学におけるれっきとした物理量である。それは物理的実体である。しかし，身体を小さくして物質の中に入り込み，1個の原子の世界に辿りついたとき，温度は姿を消してしまう。あるのは，原子の運動エネルギーだけである。

　もちろん物理学者は，それを不思議とも何とも思わない。温度とは統計的な量であり，原子がかなりの集団で存在するときにはじめて定義できるものだからである。原子1個になると温度は消滅するが，原子のもつエネルギーが分かれば，それは温度へと結びついていくのである。

　それならば，位置や運動量やエネルギーや角運動量もまた，そのような物理量であると考えていけない道理はない。

　われわれは日常経験から，「あれは赤い」「今日は暑い」などという。そして，「赤い」も「暑い」も原子の世界にないのだとしたら，「あれはここにある」とか「これはこんな速さだ」という「ここ」とか「速さ」といったものも，原子の世界になくてもいいではないか。

　量子力学は，そういうことをいっているのである。

　ただ，そこから先が問題である。「赤い」や「暑い」は，位置や運動量やエネルギーなどに還元できる。しかし，位置や運動量やエネルギーは，還元していくところがないのである。「ない」というのは，間違いかもし

れない。それはわれわれが知っている物理的実体に還元できないだけである。数学的存在なら，還元できる。すなわち，演算子や複素ベクトルといったものである（ハイゼンベルクがいわんとしたことは，そういうことかもしれない。なぜなら，プラトンはイデアのよい例として，「（真の）三角形」といった数学的存在を挙げているからである）。

　以上のようなものの考え方でもって，もう一度，量子力学の構造というものを考えてみる。

　カント流に，われわれは「物自体」を知ることはできない。しかし，位置や運動量の先に，それらの原因となる何か「物自体」があることは，間違いないであろう。それを量子力学は，複素ヒルベルト空間におけるベクトルだとするのである（しかし，その複素ベクトルが実在だということではない。それは，人間の理性が創り出した「物自体」の反映，すなわち洞窟の影である）。

　1個（でも何個でもよい）の電子がある状態で存在するとき，それはつきつめると，われわれの感覚では捉えられない何かであるが，数学的には複素ヒルベルト空間（内積が定義された複素ベクトル空間）の1つのベクトルとして表現できるのである（それは，無限個の複素数の組であるが，とてもイメージできないので，ひどくぼやけた洞窟の影として，平面上の実数ベクトルをイメージしておくことでがまんしよう）。

　われわれの実験装置は，このベクトルを直接捉えることはできない（何しろ複素数の組なのだから）。この状態ベクトルを捉えるには，四角い枠組み（すなわち直交する座標軸）を用意しなければならない。この枠組みは，われわれの実験装置が実現できるもので，すなわち「位置」とか「運動量」とか「エネルギー」といった物理量に対応するのである。

　われわれが実在だと思っている観測された物理量は，じつは複素ベクトルの影でしかない（言葉通り，ある物理量の確率振幅は，複素ベクトルの射影そのものである）。それゆえ，用意する枠組みが変われば影の長さは変わるし，またそれが実現される確率も変わってくる。

　アインシュタインは，「神様がサイコロを振るはずはない」といって，量子力学の確率解釈を認めなかったが，じつはサイコロを振っているの

は，洞窟の壁なのである。イデアの世界では，サイコロは魔法のピエロのように奇妙な形で立っている。しかし，その影としての物質世界では，サイコロはかならず，1から6のどれかの面を上にした形としてしか姿を見せない。そこにやむをえず，確率というものが生じてくるのである。

　以上は，筆者が思うにまかせて述べた私的量子力学解釈である。真の量子力学解釈(そんなものがあるとしてだが)とは，ほど遠いものかもしれない。

　しかし，少なくとも，量子力学が世界の本質について何かを語っているということだけは疑いない。量子力学を学ぶとは，そのような世界の本質について学ぶことでもあるのである。そしてそれは，単位を取るというような些末なことよりもはるかに大きな知的悦楽を，人生に与えてくれるであろう。

APPENDIX 付録
やさしい数学の手引き

　量子力学において，もっとも必要とされる数学は，大きく分類すると次の4つである。

❶ 複素数
❷ フーリエ級数
❸ 微分演算子の球座標表示
❹ 行列（マトリックス）

　このうち❶については，『力学ノート』の付録に簡単な解説をつけてあるので，そちらを参考にして頂きたい。また，❹については，本書講義15でふれた程度の行列演算については，とくに難しい点もないので，簡単な線形代数のテキストを参考にして頂きたい。
　そういうわけで，ここでは❷と❸を解説しておく。ただし，❸の微分演算子については，『電磁気学ノート』の付録に述べた事柄を前提として話を進めるので，そちらも参照して頂きたい。

● 付録1　フーリエ級数

　本書の本文では，フーリエ級数という言葉をあまり使っていないが，じつは量子力学の数学的表現のさまざまな場面で，フーリエ級数は重要な「道具」となっている。そこで，まずはフーリエ級数の直感的イメージとその拡張としてのフーリエ変換を解説しておきたい。
　フーリエ級数の面白い点は，まったく任意の形をした関数が，きれいな波形をした三角関数の足し合わせで表せるという点である（「任意の形」といったが，数学的には条件が課せられる。しかし，物理でふつうに扱うような連続関数であれば何でもよい。この付録では，そういう数学的な厳密性は言及せず，すべ

て直感的イメージで進める)。

まず, $f(x)$ を $-\pi < x < \pi$ で定義された任意の周期関数とする。周期関数という条件はついているが，変数 x を適当に変換すれば $-\pi$ から π の範囲はいくらでも大きくできるから(たとえば, $x' = x/100$ とすれば, 範囲は 100 倍に拡げられる)，実質的には周期的でないどんな関数にでも適用できる(その極限が，後で述べるフーリエ変換である)。

このとき，適当な係数 $a_0, a_1, b_1, a_2, b_2, \cdots$ を使って,

$$f(x) = a_0 + a_1 \cos x + b_1 \sin x + a_2 \cos 2x + b_2 \sin 2x + a_3 \cos 3x + b_3 \sin 3x \cdots$$

と展開できるというのが，**フーリエ級数**の基本的な考え方である(a_0 は, $\cos 0x$ の項と考えればよい)。

でたらめな形のグラフが，きれいな三角関数で表せるというのは，一見，不思議な感じがするが，じつはこれはごく自然なことなのである。

● 凸凹関数で任意の関数を作る

たとえば, $x = -1$ と $x = +1$ の 2 点だけで定義された任意の関数 $f(x)$ を考えてみよう。これはようするに 2 つの数のセットだから,

$$f(x) = (-3, 7)$$

というような形で表せる(2元ベクトルともみなせる)。-3 と 7 は，分かりやすいように具体的に示しただけで，これはどんな数でもよい(すなわち $f(x)$ は任意の形である)。

図A1-1●基底 $(1, 1)$ と $(-1, 1)$

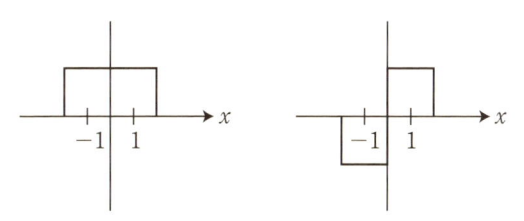

これに対して，「基底」となる $(1, 1)$ と $(-1, 1)$ という 2 つの数の組み合わせを考える(これを図に描くと, $\cos x$ と $\sin x$ に見えるところがミソ)。任意の $f(x)$ は，この2つの基底の足し算として表すことができる。なぜな

図A1-2 ● 基底 $(1,1)$ と $(-1,1)$ から任意の $f(x)$ が作れる。

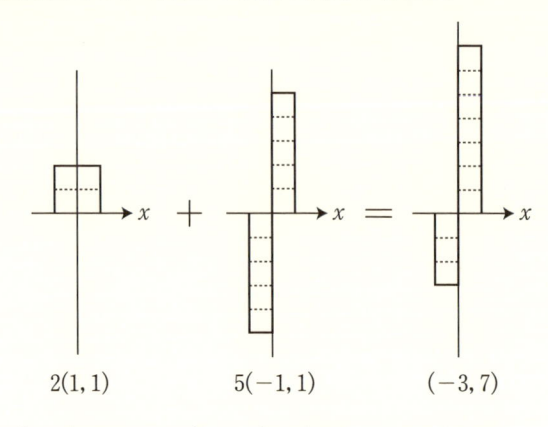

$$2(1,1) \quad + \quad 5(-1,1) \quad = \quad (-3,7)$$

ら，基底 $(1,1)$ の係数を a，$(-1,1)$ の係数を b とすれば，

$$\begin{cases} a(1)+b(-1) = -3 \\ a(1)+b(1) = 7 \end{cases}$$

なる連立方程式はかならず解けて，

$$a=2, \quad b=5$$

となるから，けっきょく，

$$(-3,7) = 2\times(1,1)+5\times(-1,1)$$

となる。そこで，どんな $f(x)$ に対しても，適当な係数 a,b を選べば，

$$f(x) = a(1,1)+b(-1,1)$$

と書ける。

図A1-3 ● 4点で定義された関数なら，4つの基底で表すことができる。

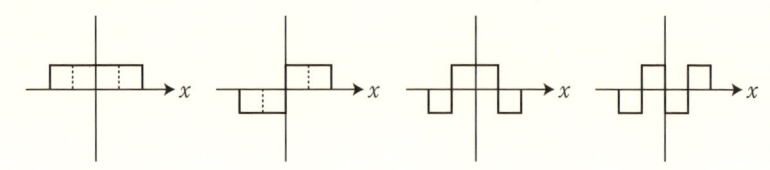

もし $f(x)$ が，$x=-2,-1,+1,+2$ の4点で定義された関数であるならば，基底の数の組み合わせを，$(1,1,1,1)$，$(-1,-1,1,1)$，$(-1,1,1,-1)$ $(-1,1,-1,1)$ と4つとる。このグラフを描くと，$\cos x$，$\sin x$，$\cos 2x$，$\sin 2x$ に見えるであろう。これがミソである。

これを $f(x)$ の x として，$-\pi$ から $+\pi$ までのすべての点に拡大すれば，基底の数を無限にとればよい。それが，冒頭に掲げたフーリエ級数である。

●基底の直交性と完全性

以上の議論において，基底として選んだ凸凹関数は，どんな形でもよいというわけではなく，一定の条件をみたさなければならない。それが**直交性**である。直交性とはどういうことかというと，これは平面ベクトルにたとえると分かりやすい。

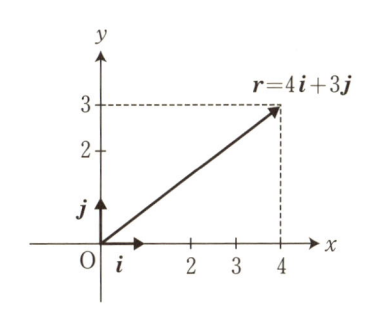

図A1-4●どんな平面ベクトルも基底 i, j を使って表せる。

平面ベクトルは，x 方向と y 方向の単位ベクトル i と j を使ってかならず表せる。たとえば，図のようなベクトル r は，

$$r = 4i + 3j$$

である。これは，i と j が直交しているから，こう書けるわけである。

もちろん，直交していなくても，基底とするベクトルの向きが異なっていればよい。任意のベクトルを作れないのは，2つの基底ベクトルが同じ方向を向いているときだけである。しかし，わざと変な角度にしなくても，直交する2つのベクトル i と j を選ぶのがいちばん簡単であろう。

この i と j の直交関係を表すもっとも簡潔な方法は，内積をとることである。すなわち，

$$i \cdot i = 1$$

であるが，

$$i \cdot j = 0$$

である(ベクトルの内積については,『電磁気学ノート』付録参照のこと)。

このように,内積が0であることが,即,直交性を表すわけである。

そこで,次のような積分を考えると,

$$\int_{-\pi}^{\pi} \sin x \cdot \sin x \, dx = \pi$$

$$\int_{-\pi}^{\pi} \sin x \cdot \cos x \, dx = 0$$

である。一般に整数を m として,$\sin mx$ 同士や $\cos mx$ 同士のかけ算はつねに π であるが($m=0$ のときだけ少し違う),m とは異なる整数 m' をもってくると,

$$\int_{-\pi}^{\pi} \sin mx \cdot \sin m'x \, dx = 0$$

$$\int_{-\pi}^{\pi} \cos mx \cdot \cos m'x \, dx = 0$$

$$\int_{-\pi}^{\pi} \sin mx \cdot \cos mx \, dx = 0$$

が簡単に証明できる。すなわち,$\sin x,\ \cos x,\ \sin 2x,\ \cos 2x,\ \cdots$ のそれぞれは,基底ベクトルの直交性と同様に,直交しているとみなせるわけである。

もちろん,3次元ベクトルなら,基底ベクトルは $\boldsymbol{i}, \boldsymbol{j}, \boldsymbol{k}$ の3つを取らなければならない。これが**完全性**である。$\sin x,\ \cos x,\ \sin 2x,\ \cos 2x,$ $\cdots$ が完全系をなしているかどうかは,厳密には数学的証明が必要であるが,直感的には無限につづくのだから,よしとしておこう。

直交完全性は,三角関数に限る必要はない。上の例で示した四角い凸凹図形でも構わないのである。しかし,三角関数は何かと便利なので,とくに重宝がられるわけである。

三角関数は,指数関数でも書けることは,指数関数の知識をもっていればお分かりであろう。すなわち,

$$e^{ix} = \cos x + i \sin x$$

なのだから,フーリエ級数は,e^{imx}(m は整数)で展開することもできる。すなわち,

$$f(x) = \sum_{m=-\infty}^{\infty} a_m e^{imx}$$

と書ける。

たとえば，講義 9 において水素原子の φ 方向の解として，

$$\Phi = e^{im\varphi}$$

を得たが，この解は直交完全系をなすわけである。そこで，φ 方向に任意の波動関数，$\Psi(\varphi)$ があったとしたら，これはかならず，

$$\Psi(\varphi) = \sum a_m \Phi_m$$

と，固有関数 Φ_m で展開できるわけである。ついでにいえば，全体を規格化しておけば，a_m が確率振幅を表すことになる。

●フーリエ変換

次に，フーリエ級数において，その範囲 $[-\pi, \pi]$ を $[-\infty, \infty]$ に拡張すると，整数 m が，$m/100 \to m/10000 \to \cdots \to m/\infty$ と変数変換していくことになるから，それは，数学的には，足し算の $\sum$ を積分 $\int$ に置き換えればよいということが想像できるだろう。それが**フーリエ変換**である。

すなわち，フーリエ級数，

$$f(x) = \sum_{m=-\infty}^{\infty} g_m e^{imx}$$

において，整数 m を稠密にして実数(k と書いておく)にしてしまうと，(規格化の係数は別にして，)

$$f(x) = \int_{-\infty}^{\infty} g(k) e^{ikx} \, dk$$

と書ける。これは，k と x に関して対称であるから，逆変換も同じように書けて(規格化係数は別にして)，

$$g(k) = \int_{-\infty}^{\infty} f(x) e^{-ikx} \, dx$$

となる。

ここで e^{ikx} を波動と見れば，k は波数であり，ひいては運動量 $p=\hbar k$ に対応するから，

$$p \to -i\hbar \frac{\partial}{\partial x}$$

$$x \to i\hbar \frac{\partial}{\partial p}$$

や，p と x の不確定性原理もまた，すべてこのフーリエ変換という数学的帰結なのだということが分かるであろう。

●微分方程式の特殊解と一般解

　フーリエ級数とは直接関係がないが，物理では必要不可欠な微分方程式の解の性質について，ごく簡単な考え方を紹介しておく。
　本文でしばしば使っている，特殊解と一般解とは何かという話である。
　力学の等加速度運動でもおなじみの，もっとも簡単な次の微分方程式を考えてみる。

$$\frac{d^2 x}{dt^2} = a \quad (a は定数)$$

　これを解いていくとき，1回積分するごとに積分定数が1つずつ現れてくる。すなわち，

$$\frac{dx}{dt} = at + v_0$$

における v_0 が，最初の積分定数である（もちろん，この値は初期条件によって決まる）。
　もう一度，積分すると，

$$x = \frac{1}{2}at^2 + v_0 t + x_0$$

で2つ目の積分定数 x_0 が姿を現す。
　このように，2階の微分方程式では，かならず積分定数が2つ現れるので，その定数を解にきちんと書き入れておけば，最初の方程式の解としては，これですべてを網羅しているといえるだろう。これが**一般解**である。

それに対して，
$$x = \frac{1}{2}at^2$$
や，
$$x = \frac{1}{2}at^2 + v_0 t$$
は，積分定数の数が足りず，それゆえ，最初の方程式をみたしてはいるが，解のすべてを網羅しているわけではない。これが**特殊解**である。

ここまでは，多分，よくご存じのことであろう。

さて次のような微分方程式を考えよう。
$$\frac{\mathrm{d}^2 x}{\mathrm{d} t^2} = -x$$
この方程式の解き方は，もうおなじみである。
$$x = e^{\lambda t}$$
とでもおいて，方程式に代入すると，
$$\lambda^2 e^{\lambda t} = -e^{\lambda t}$$
となり，
$$\lambda^2 = -1$$
すなわち，λには$-i$と$+i$の2つの解があり，けっきょく，
$$x_1 = e^{it}$$
$$x_2 = e^{-it}$$
の2つの解をうる。

このx_1とx_2は，もとの方程式をみたすけれど積分定数が1つもついていないから，どちらも特殊解である。

それでは，この微分方程式の一般解はどのようなものなのか——というのが，この解説のポイントである。

まず，x_1とx_2のそれぞれに，適当な定数をかけても方程式の解になることが分かる。すなわち，
$$x_1 = Ae^{it}$$
$$x_2 = Be^{-it}$$

そこで，結論をいえば，このときの一般解 x は，
$$x = x_1 + x_2 = Ae^{it} + Be^{-it}$$
となるのである（もちろん，別の表記方法もあるのだが）。

まず，2つの特殊解の足し算が解になることは，線形微分方程式の基本的な，しかし重要な性質である（それは，方程式に代入してみれば明らかである。すなわち，それが線形性なのである）。

問題は，ここに積分定数 A と B が 2 つ出てきているが，これで大丈夫なのかどうかという点である。それを保証するのが，x_1 と x_2 の独立性なのである。

これは，平面ベクトルを作るために，2つの直交ベクトル i と j を使ったのとまったく同じことである。直交ベクトル i と j は明らかに互いに独立であるから，任意のベクトルは，
$$A\boldsymbol{i} + B\boldsymbol{j}$$
と書ける。そして，この表現ですべての平面ベクトルを表すことができる。つまり，これは平面ベクトルの「一般」表示である。

まったく同様に，e^{it} と e^{-it} は互いに独立であるから，
$$Ae^{it} + Be^{-it}$$
で，すべての解を表現しているのである。すなわち，「一般解」である。

ただし，e^{it} と e^{-it} は直交はしていない。特殊解として $\sin t$ と $\cos t$ を選ぶと，これらは直交する。

●付録2　微分演算子の球座標表示

　水素原子のような球対称ポテンシャルをもつ系では，デカルト座標より球座標を用いた方が，何かにつけて便利だし見通しを立てやすいことはいうまでもない。ここでは，多用される微分演算子を，デカルト座標から球座標へ変換する規則を，イメージを重視した直感的方法で解説したい。

●球座標

　まず，力学や電磁気学で何度も登場するデカルト座標と球座標の関係を，図を見ながら書き下せば，

$$x = r \sin\theta \cos\varphi$$
$$y = r \sin\theta \sin\varphi$$
$$z = r \cos\theta$$

である。

図A2-1 ●球座標

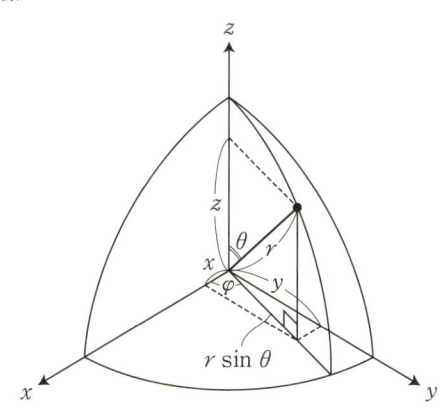

　さて，微分を考えるときの微小体積要素 dV は，デカルト座標が，

$$dV = dx\,dy\,dz$$

の微小直方体であるのに対して，球座標では，これまで何度も登場した図より，次のように考えられる。

図A2-2●球座標の微小体積要素 dV

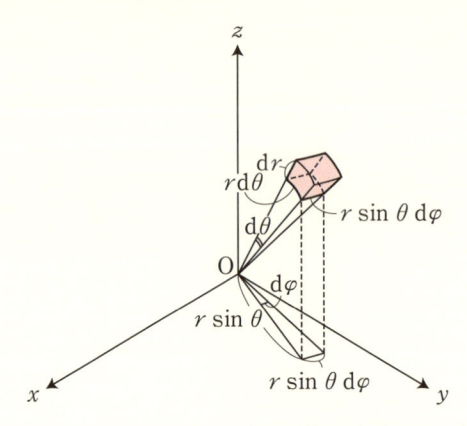

3辺がそれぞれ dr, rdθ, $r\sin\theta$ dφ の微小直方体を考えればよいから，

$$dV = r^2\sin\theta\, dr d\theta d\varphi$$

である．

次に，デカルト座標での単位ベクトル i, j, k に相当する球座標の単位ベクトルを導入しよう．球座標での微小体積は（ちょっと歪んではいるが）一応，直方体とみなせるから，3つの単位ベクトルは直交している（すなわち，球座標は直交座標系の一種である）．

それを図のように，e_r, e_θ, e_φ としておく．

図A2-3●球座標の単位直交基底ベクトル

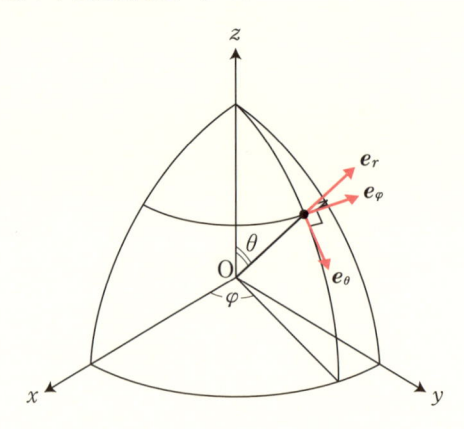

●∇(grad)の球座標表示

さて,ここで電磁気学でおなじみになった「ちゅうぶらりん」ベクトル∇の球座標表現を求めてみることにしよう。

∇をデカルト座標で表示すると,

$$\nabla = \frac{\partial}{\partial x}\boldsymbol{i} + \frac{\partial}{\partial y}\boldsymbol{j} + \frac{\partial}{\partial z}\boldsymbol{k}$$

であった。この式の物理的意味は,それぞれの座標軸にそっての「傾き」を成分とするベクトルという意味である。つまり,何かある量(スカラー)をfとしたとき,$\partial f/\partial x$はx軸にそってのfの傾きを表している。すなわち,微小直方体の辺の長さがdxだから,dxで割っておくわけである。

図A2-4●微小体積要素の3辺

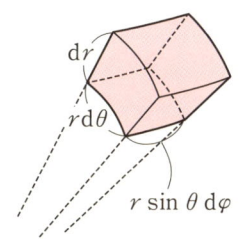

そうすると,球座標の場合,$\boldsymbol{e}_r, \boldsymbol{e}_\theta, \boldsymbol{e}_\varphi$方向の傾きを求めればよいわけだが,微小直方体のそれぞれの辺の長さが,$dr, rd\theta, r\sin\theta d\varphi$なわけだから,図形的イメージから,簡単に,

$$\nabla = \frac{\partial}{\partial r}\boldsymbol{e}_r + \frac{\partial}{r\partial \theta}\boldsymbol{e}_\theta + \frac{\partial}{r\sin\theta\, \partial\varphi}\boldsymbol{e}_\varphi \quad \cdots\cdots(*)$$

であることが分かる。

●∇・**A**(div **A**)の球座標表示

つづいて,**A**を任意のベクトルとして,∇・**A**(=div **A**)の球座標表示を求めてみよう。

デカルト座標では,

$$\nabla \cdot \boldsymbol{A} = \frac{\partial A_x}{\partial x} + \frac{\partial A_y}{\partial y} + \frac{\partial A_z}{\partial z}$$

であるが，これを計算式だけで球座標に変換するのは，どう考えても労多くして益少なしである。それよりも，$\nabla \cdot \boldsymbol{A}$ の物理的意味を考えれば話は簡単である。

$\nabla \cdot \boldsymbol{A}(\mathrm{div}\,\boldsymbol{A})$ は，微小体積 $\mathrm{d}V$ の全表面から発散していく $\boldsymbol{A}$ の合計であった。そのために，デカルト座標表示では，

$$(A_x(x+\mathrm{d}x) - A_x(x))\mathrm{d}y\mathrm{d}z$$

という量を計算したことを思い出してほしい（『電磁気学ノート』付録）。ここで $\mathrm{d}y\mathrm{d}z$ は，$\boldsymbol{A}$ の x 成分に対して垂直な微小直方体の面の面積である。

図A2-5●デカルト座標のときは，$\mathrm{d}S = \mathrm{d}y\mathrm{d}z$ は変わらないが……。

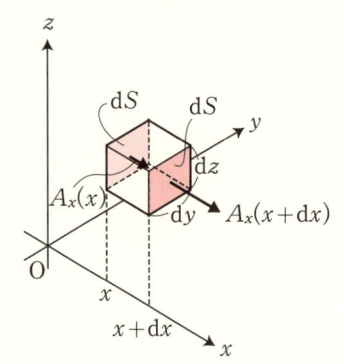

そこで，同じことを球座標でもやってみる。たとえば，$\boldsymbol{A}$ の r 成分について，

$$(A_r(r+\mathrm{d}r) - A_r(r))\mathrm{d}S = (A_r(r+\mathrm{d}r) - A_r(r))r\mathrm{d}\theta \times r\sin\theta\,\mathrm{d}\varphi \quad \cdots ?$$

考え方はおおむねいいのだが，じつは上の式には，ちょっとした見落としがある。先程，球座標における微小体積は直方体ではあるが，ちょっと歪んでいるといった。その意味は，面積 $\mathrm{d}S$ が，r 方向についていえば，r と $r+\mathrm{d}r$ で少し違っているのである。すなわち，r では，直方体の辺は $r\mathrm{d}\theta$ と $r\sin\theta\,\mathrm{d}\varphi$ でよいのだが，$r+\mathrm{d}r$ では，$(r+\mathrm{d}r)\mathrm{d}\theta$ と $(r+\mathrm{d}r)\sin\theta\,\mathrm{d}\varphi$ となる。そうすると，$r+\mathrm{d}r$ での直方体の面の面積 $\mathrm{d}S'$ は，次のようにしなければならない。

$$\mathrm{d}S' = (r+\mathrm{d}r)\mathrm{d}\theta \times (r+\mathrm{d}r)\sin\theta\,\mathrm{d}\varphi$$

これを展開すると，
$$= (r^2 + 2rdr + dr^2)\sin\theta\, d\theta d\varphi$$
となり，dr^2 の項は 2 次の微小量だから無視してよいが，$2rdr$ の項は 1 次の微小量で無視できないのである (微分とは，2 次以上の微小量は無視し，1 次の微小量は考慮する計算方式のことであった。『力学ノート』付録参照)。

図A2-6●球面座標では dS_r と dS_r' の面積が少し違ってくる。

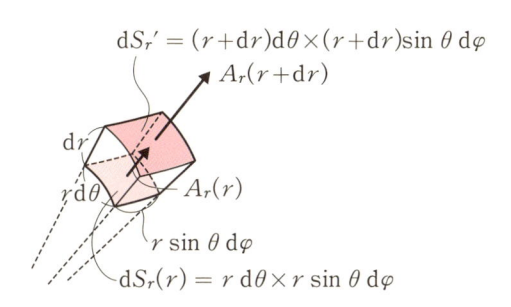

$dS_r' = (r+dr)d\theta \times (r+dr)\sin\theta\, d\varphi$
$A_r(r+dr)$
dr
$rd\theta$
$A_r(r)$
$r\sin\theta\, d\varphi$
$dS_r(r) = rd\theta \times r\sin\theta\, d\varphi$

よって，微小直方体の面から出ていく A の全量を計算するためには，r 方向についていえば，
$$A_r(r+dr)dS' - A_r(r)dS$$
としなければならない。これを具体的に計算していってもよいが，再度，デカルト座標のときの計算を思い出して頂ければ，偏微分の関係を使って，
$$A(x+dx) - A(x) = dA(x) = \frac{\partial A_x}{\partial x} \cdot dx$$
とし，出てきた dx と $dydz$ で微小体積要素 dV となり，$\partial A_x/\partial x$ の部分が，$\text{div}\, A$ の x 成分になるのであった。そこで，偏微分の関係を，A だけではなく，AdS に適用すればよいことが分かる。

以上より，r, θ, φ の各方向について，ベクトル A の成分を A_r, A_θ, A_φ とし，微小体積の r, θ, φ に垂直な面の面積がそれぞれ，
$$dS_r = rd\theta \times r\sin\theta\, d\varphi = r^2\sin\theta\, d\theta d\varphi$$
$$dS_\theta = dr \times r\sin\theta\, d\varphi = r\sin\theta\, drd\varphi$$
$$dS_\varphi = dr \times rd\theta = r\, drd\theta$$
であることを考慮して，それぞれの面からの A の全発散を書き下せば

(そして，それがまさに div $\boldsymbol{A} \cdot \mathrm{d}V$ に他ならないから)，

$$\mathrm{div}\,\boldsymbol{A} \cdot \mathrm{d}V = \frac{\partial}{\partial r}(A_r \mathrm{d}S_r)\mathrm{d}r + \frac{\partial}{\partial \theta}(A_\theta \mathrm{d}S_\theta)\mathrm{d}\theta + \frac{\partial}{\partial \varphi}(A_\varphi \mathrm{d}S_\varphi)\mathrm{d}\varphi$$

$$= \frac{\partial}{\partial r}(A_r r^2 \sin\theta\,\mathrm{d}\theta\mathrm{d}\varphi)\mathrm{d}r + \frac{\partial}{\partial \theta}(A_\theta r \sin\theta\,\mathrm{d}r\mathrm{d}\varphi)\mathrm{d}\theta$$

$$+ \frac{\partial}{\partial \varphi}(A_\varphi r\,\mathrm{d}r\mathrm{d}\theta)\mathrm{d}\varphi$$

ここで，

$$\mathrm{d}V = r^2 \sin\theta\,\mathrm{d}r\mathrm{d}\theta\mathrm{d}\varphi$$

であるから，両辺を $\mathrm{d}V$ で割り算して，けっきょく，

$$\mathrm{div}\,\boldsymbol{A} = \frac{1}{r^2}\frac{\partial}{\partial r}(A_r r^2) + \frac{1}{r\sin\theta}\frac{\partial}{\partial \theta}(A_\theta \sin\theta) + \frac{1}{r\sin\theta}\frac{\partial}{\partial \varphi}(A_\varphi)$$

……(＊＊)

となる。

● $\nabla^2 \psi$ の球座標表示

次にいよいよシュレーディンガー方程式に登場する ∇^2 である。これは，

$$\nabla^2 \psi = \mathrm{div}(\mathrm{grad}\,\psi)$$

のことであるから，上で求めた式(＊)と式(＊＊)を組み合わせればよい。すなわち，(＊＊)のベクトル $\boldsymbol{A}$ の r, θ, φ 成分を，(＊)の r, θ, φ 成分に置き換えて，

$$\mathrm{div}(\mathrm{grad}\,\psi) = \frac{1}{r^2}\frac{\partial}{\partial r}\left(r^2\frac{\partial \psi}{\partial r}\right) + \frac{1}{r^2 \sin\theta}\frac{\partial}{\partial \theta}\left(\sin\theta\frac{\partial \psi}{\partial \theta}\right) + \frac{1}{r^2 \sin^2\theta}\frac{\partial^2 \psi}{\partial \varphi^2}$$

……(＊＊＊)

となる。結果は非常に複雑な式になるが，導出にさいしての図形的イメージをしっかり捉えておけば，暗記しなくてもいつでも容易に導けるはずである。

●角運動量

最後に講義14(演習問題14-2)に登場する角運動量の演算子表示を求めてみよう。

角運動量は,古典的には,位置と運動量のベクトル積として表せる。
$$L = r \times p$$
これを量子化するには,運動量を演算子表示に変えればよい。

$$p_x = -i\hbar \frac{\partial}{\partial x}$$

$$p_y = -i\hbar \frac{\partial}{\partial y}$$

$$p_z = -i\hbar \frac{\partial}{\partial z}$$

これをまとめてベクトルで表せば,
$$p = -i\hbar \left(\frac{\partial}{\partial x} i + \frac{\partial}{\partial y} j + \frac{\partial}{\partial z} k \right) = -i\hbar \nabla$$
に他ならないから,
$$L = -i\hbar (r \times \nabla)$$
である。

これを,デカルト座標で成分に分ければ,

$$L_x = -i\hbar \left(y \frac{\partial}{\partial z} - z \frac{\partial}{\partial y} \right)$$

$$L_y = -i\hbar \left(z \frac{\partial}{\partial x} - x \frac{\partial}{\partial z} \right)$$

$$L_z = -i\hbar \left(x \frac{\partial}{\partial y} - y \frac{\partial}{\partial x} \right)$$

であるが,これらの右辺を θ, φ で表すのが目的である(右辺に r は入ってこないはずである。というのも,粒子を r 方向にいくら動かしても,回転にはならないからである)。この計算を,数式の変形だけでやっていては,うんざりである。たとえ正しい答えが出たとしても,徒労感は避けがたい。もっとカッコよく,図形的イメージで求めよう。

ベクトル r は,

$$\boldsymbol{r} = r\boldsymbol{e}_r$$

であるから，(＊)式を用いれば，

$$\boldsymbol{r} \times \nabla = r\boldsymbol{e}_r \times \left(\boldsymbol{e}_r \frac{\partial}{\partial r} + \boldsymbol{e}_\theta \frac{1}{r}\frac{\partial}{\partial \theta} + \boldsymbol{e}_\varphi \frac{1}{r\sin\theta}\frac{\partial}{\partial \varphi} \right)$$

である．

図A2-7 ● $\boldsymbol{e}_r$ から $\boldsymbol{e}_\theta$ にねじをひねると $\boldsymbol{e}_\varphi$ を向き，$\boldsymbol{e}_r$ から $\boldsymbol{e}_\varphi$ にねじをひねると $-\boldsymbol{e}_\theta$ を向く．

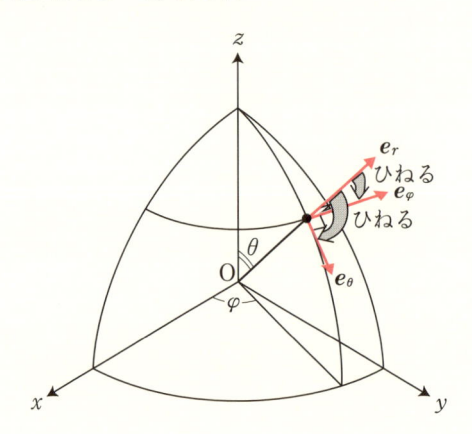

ここで，

$$\boldsymbol{e}_r \times \boldsymbol{e}_r = 0, \ \ \boldsymbol{e}_r \times \boldsymbol{e}_\theta = \boldsymbol{e}_\varphi, \ \ \boldsymbol{e}_r \times \boldsymbol{e}_\varphi = -\boldsymbol{e}_\theta$$

であるから，

$$\boldsymbol{r} \times \nabla = r\boldsymbol{e}_\varphi \frac{1}{r}\frac{\partial}{\partial \theta} + r(-\boldsymbol{e}_\theta) \frac{1}{r\sin\theta}\frac{\partial}{\partial \varphi}$$

$$= \boldsymbol{e}_\varphi \frac{\partial}{\partial \theta} - \boldsymbol{e}_\theta \frac{1}{\sin\theta}\frac{\partial}{\partial \varphi}$$

となる．つまり，角運動量演算子は，

$$\hat{L} = -i\hbar \left(\boldsymbol{e}_\varphi \frac{\partial}{\partial \theta} - \boldsymbol{e}_\theta \frac{1}{\sin\theta}\frac{\partial}{\partial \varphi} \right)$$

である．

これは，確かに r を含んでいない．また2乗すれば，本文で登場する L^2 の演算子となる．

図A2-8 i, j, k と e_r, e_θ, e_φ の関係

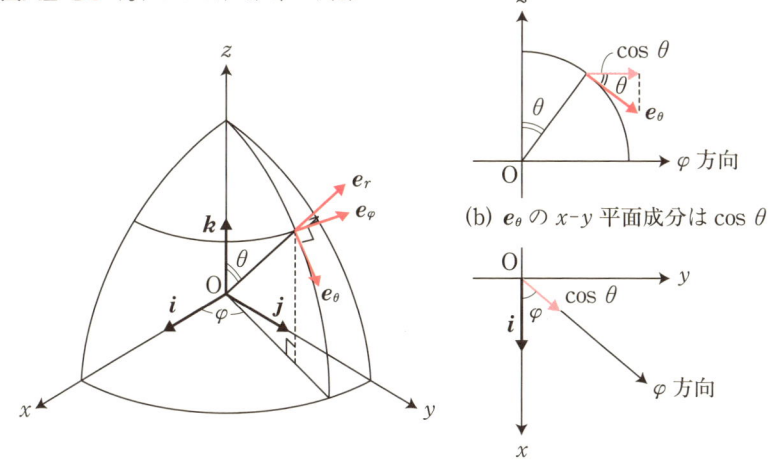

(a) i, j, k と e_θ, e_φ, e_r の関係

(b) e_θ の x-y 平面成分は $\cos\theta$

(c) $\cos\theta$ と i の内積は $\cos\theta \cdot \cos\varphi$

ここで，デカルト座標の基底ベクトル i, j, k と球座標の基底ベクトル e_θ, e_φ の内積関係を調べてみる。図から明らかなように(図(b)と図(c)は，i と e_θ の内積について詳しく描いた。その他については，各自，図を描いて確かめられたし)，

$$i \cdot e_\theta = \cos\theta \cdot \cos\varphi$$
$$j \cdot e_\theta = \cos\theta \cdot \sin\varphi$$
$$k \cdot e_\theta = -\sin\theta$$
$$i \cdot e_\varphi = -\sin\varphi$$
$$j \cdot e_\varphi = \cos\varphi$$
$$k \cdot e_\varphi = 0$$

となる。

L のデカルト座標成分は，L と i, j, k の内積から分かるから(たとえば，L と i の内積をとると，$L \cdot i = L_x \cdot 1 + L_y \cdot 0 + L_z \cdot 0 = L_x$)，

$$L_x = i \cdot L = -i\hbar \left(i \cdot e_\varphi \frac{\partial}{\partial \theta} - i \cdot e_\theta \frac{1}{\sin\theta} \frac{\partial}{\partial \varphi} \right)$$
$$= -i\hbar \left(-\sin\varphi \frac{\partial}{\partial \theta} - \cos\theta \cdot \cos\varphi \frac{1}{\sin\theta} \frac{\partial}{\partial \varphi} \right)$$
$$= -i\hbar \left(-\sin\varphi \frac{\partial}{\partial \theta} - \cot\theta \cos\varphi \frac{\partial}{\partial \varphi} \right)$$

$$L_y = \boldsymbol{j} \cdot \boldsymbol{L} = -i\hbar \left(\boldsymbol{j} \cdot \boldsymbol{e}_\varphi \frac{\partial}{\partial \theta} - \boldsymbol{j} \cdot \boldsymbol{e}_\theta \frac{1}{\sin \theta} \frac{\partial}{\partial \varphi} \right)$$

$$= -i\hbar \left(\cos \varphi \frac{\partial}{\partial \theta} - \cot \theta \sin \varphi \frac{\partial}{\partial \varphi} \right)$$

$$L_z = \boldsymbol{k} \cdot \boldsymbol{L} = -i\hbar \left(\boldsymbol{k} \cdot \boldsymbol{e}_\varphi \frac{\partial}{\partial \varphi} - \boldsymbol{k} \cdot \boldsymbol{e}_\theta \frac{1}{\sin \theta} \frac{\partial}{\partial \varphi} \right)$$

$$= -i\hbar \frac{\partial}{\partial \varphi}$$

をうる。

ここまでくれば，球座標についてはもはや鬼に金棒であろう。

●付録3　部分積分（講義13（実習問題13-1）の積分計算）

　求める積分は，
$$\int_{-a}^{a} x^2 \cos 2kx \, dx$$
である。一般に，
$$\int x^m (\cos x \text{ または } \sin x) dx \quad (m=1, 2, 3, \cdots)$$
の積分は，積分の基本テクニックである部分積分を使えばかならずできる。というのも，sin や cos の積分は，何度やっても sin と cos を繰り返すだけであるし，x のべき乗は部分積分によって，次数を1つずつ落とせるからである。

　ついでにいえば，三角関数の部分がべき乗になっていても構わない。なぜなら，$\cos^2 x = (1+\cos 2x)/2$ というように，三角関数のべき乗は，かならず次数の低い三角関数で表すことができるからである。

　初心の方のために，部分積分の考え方を説明しておこう。

　それは，関数の積に関する微分公式を利用するものである。いま表記を簡単にするため，微分は記号「′」で表すものとする。すると，f と g を x の任意の関数とすると，
$$(fg)' = f'g + fg'$$
であることは，高校でもおなじみである。

　上の式を積分してみると，$(fg)'$ の積分は，fg に戻るから，
$$fg = \int f'g \, dx + \int fg' \, dx$$
である。ここで，右辺の項の片方が既知であれば，もう一方の積分が分かることになる。すなわち，$\int f'g \, dx$ を求める積分とすれば，

$$\int f'g \, dx = fg - \int fg' \, dx \quad \cdots\cdots (*)$$

この（*）式こそが，部分積分の公式である。

　そこで，関数の2つの積の積分の場合には，どちらを f とし，どちら

を g とすれば簡単になるかを考えて，上の公式を適用すればよいのである。

$$\int x^2 \cos 2kx \, dx$$

の場合，

$$g = x^2$$
$$f' = \cos 2kx$$

とすると都合がよい。というのも，そのようにすれば，公式の右辺の第 2 項の積分部分が g' なので，x^2 の次数を落としていけるからである。じっさいに，やってみよう。

$$g' = 2x$$
$$f = \frac{1}{2k} \sin 2kx$$

であるから，

$$\int x^2 \cos 2kx \, dx = x^2 \cdot \frac{1}{2k} \sin 2kx - \int 2x \cdot \frac{1}{2k} \sin 2kx \, dx$$
$$= \frac{1}{2k} x^2 \sin 2kx - \frac{1}{k} \int x \sin 2kx \, dx$$

第 2 項の積分で，x の次数が 1 つ減った。この積分にもう一度，部分積分を適用すれば，この x は消えてしまうであろう。

すなわち，

$$\int x \sin 2kx \, dx$$

において，

$$g = x$$
$$f' = \sin 2kx$$

とすると，

$$g' = 1$$
$$f = -\frac{1}{2k} \cos 2kx$$

だから，

$$\int x \sin 2kx \, dx = -\frac{1}{2k} x \cos 2kx - \int \left(-\frac{1}{2k}\right) \cos 2kx \, dx$$
$$= -\frac{1}{2k} x \cos 2kx + \frac{1}{2k} \int \cos 2kx \, dx$$
$$= -\frac{1}{2k} x \cos 2kx + \frac{1}{4k^2} \sin 2kx$$

となる。そこで，これらをまとめれば，

$$\int_{-a}^{a} x^2 \cos 2kx \, dx = \left[\frac{1}{2k} x^2 \sin 2kx + \frac{1}{2k^2} x \cos 2kx - \frac{1}{4k^3} \sin 2kx\right]_{-a}^{a}$$

$k=\pi/2a$ なので，$\sin 2kx$ の項はすべて 0 となるから，

$$= -\frac{a}{k^2} \quad \left(= -\frac{4a^3}{\pi^2}\right)$$

となる。

部分積分法は，置換積分と並んで，積分計算の基本テクニックである。

索引 INDEX

ア

アインシュタイン　14, 243
位相速度　42
一般解　252
井戸型ポテンシャル　24, 97, 108
エネルギー準位
　　水素原子の——　17, 155
エネルギー量子　22
エルミート共役　226
エルミート行列　227
演算子　204
遠心力ポテンシャル　167

カ

ガウス関数　204
角運動量　169, 261
　　——の z 成分　172
　　——量子数　179
　　全——　173
確率解釈
　　ボルンの——　77
確率波　79
確率密度　86
重ね合わせの原理　48
完全性　250
カント　241
観念論　239
規格化
　　固有ベクトルの——　223
　　波動関数の——　83
期待値　189
基底状態
　　水素原子の——　137

球座標　123, 255
球面調和関数　146, 149
空洞放射　28
クーロン・ポテンシャル　122
群速度　42
交換子　206
光子　13
光電効果　14
光量子　13
　　——の運動量　28
　　——のエネルギー　28
固有関数　184
固有値　184
　　——方程式　183, 205, 218
　　行列の——問題　219
固有ベクトル　221
　　——の規格化　223
コンプトン効果　14

サ

散乱　92, 102
磁気量子数　179
自己共役演算子　227
指数関数　42
主量子数　160
シュレーディンガーの波動力学　23
シュレーディンガー方程式　90
　　1次元の——　72
　　狭義の——　97
　　3次元の——　97, 120
　　水素原子の——　124
　　水素原子の動径方向の——　126, 150
　　水素原子の θ 方向の——　127, 135
　　水素原子の φ 方向の——　127
　　水素原子の φ 方向の——の解　129
水素原子　15, 121
　　——のエネルギー準位　17, 155
　　——の基底状態　137
スネルの法則　31

スピン　161
　　電子の——　228
正弦波　40
斥力ポテンシャル　102, 168
ゼノンのパラドックス　6
束縛状態　92

タ

断熱不変量　39
断熱変化　36
中心力　72
調和振動子　28
直交性　249
定常波　17, 47
ディラックのデルタ関数　58
電子の軌道半径　19
電子のスピン　228
転置行列　226
特殊解　253
ド＝ブローイ　23
　　——の物質波　14
トンネル効果　103

ナ

内積　226
ニュートン　238
ノルム　225

ハ

ハイゼンベルク　241
　　——の思考実験　198
　　——のマトリックス力学　23
パウリのスピン行列　229
パウリの排他律　162
波数　42
波束　52
波動方程式
　　電磁波の——　61
波動力学　218
光の粒子性　12

フーリエ解析　54
フーリエ級数　246
フーリエ変換　251
不確定性原理　8, 57, 174, 198, 207
複素数　42
複素ヒルベルト空間　224
物質の波動性　12
物質波
　　ド＝ブローイの——　14
部分積分　265
プラトン　239
プランク，マックス　22
プランク定数　13
ボーア，ニールス　23
ボーア半径　163
ポテンシャル・エネルギー　15, 72, 122

マ・ヤ

マトリックス力学　23, 218
唯物論　239
ゆらぎ　190
余弦波　41

ラ・ワ

ラゲールの陪多項式　160
ラプラシアン　120
力学的世界観　238
リュードベリ定数　21
ルジャンドル多項式　138, 143
ルジャンドルの微分方程式　134
ルジャンドル陪関数　139, 141, 143

欧文

div　257
grad　257
∇　257
$\nabla \cdot A$　257
$\nabla^2 \psi$　260

著者紹介

橋元 淳一郎（はしもと じゅんいちろう）

1971年　京都大学理学部物理学科修士課程修了
現　在　相愛大学名誉教授

NDC421　269p　21cm

単位が取れるシリーズ

単位が取れる量子力学ノート

2004年　5月10日　第1刷発行
2023年　8月9日　第16刷発行

著　者　橋元 淳一郎（はしもと じゅんいちろう）
発行者　髙橋明男
発行所　株式会社　講談社
　　　　〒112-8001　東京都文京区音羽 2-12-21
　　　　　　販売　(03)5395-4415
　　　　　　業務　(03)5395-3615

KODANSHA

編　集　株式会社　講談社サイエンティフィク
　　　　代表　堀越俊一
　　　　〒162-0825　東京都新宿区神楽坂 2-14　ノービィビル
　　　　　　編集　(03)3235-3701

印刷所　株式会社広済堂ネクスト
製本所　株式会社国宝社

落丁本・乱丁本は、購入書店名を明記のうえ、講談社業務宛にお送りください。送料小社負担にてお取り替えします。
なお、この本の内容についてのお問い合わせは講談社サイエンティフィク宛にお願いいたします。
定価はカバーに表示してあります。
© Junichiro Hashimoto, 2004

本書のコピー、スキャン、デジタル化等の無断複製は著作権法上での例外を除き禁じられています。本書を代行業者等の第三者に依頼してスキャンやデジタル化することはたとえ個人や家庭内の利用でも著作権法違反です。

JCOPY 〈(社)出版者著作権管理機構 委託出版物〉
複写される場合は、その都度事前に(社)出版者著作権管理機構（電話 03-5244-5088、FAX 03-5244-5089、e-mail：info@jcopy.or.jp）の許諾を得てください。

Printed in Japan

ISBN4-06-154454-3

講談社の自然科学書

ライブ講義 大学1年生のための数学入門	奈佐原顕郎／著	定価 3,190 円
ライブ講義 大学生のための応用数学入門	奈佐原顕郎／著	定価 3,190 円
入門 現代の量子力学 量子情報・量子測定を中心として	堀田昌寛／著	定価 3,300 円
入門 現代の宇宙論 インフレーションから暗黒エネルギーまで	辻川信二／著	定価 3,520 円
入門 現代の力学 物理学のはじめの一歩として	井田大輔／著	定価 2,860 円
入門 現代の電磁気学 特殊相対論を原点として	駒宮幸男／著	定価 2,970 円
熱力学・統計力学 熱をめぐる諸相	高橋和孝／著	定価 5,500 円
完全独習 現代の宇宙物理学	福江純／著	定価 4,620 円
完全独習 相対性理論	吉田伸夫／著	定価 3,960 円
宇宙を統べる方程式 高校数学からの宇宙論入門	吉田伸夫／著	定価 2,970 円
明解 量子重力理論入門	吉田伸夫／著	定価 3,300 円
明解 量子宇宙論入門	吉田伸夫／著	定価 4,180 円
基礎量子力学	猪木慶治・川合光／著	定価 3,850 円
量子力学 I	猪木慶治・川合光／著	定価 5,126 円
量子力学 II	猪木慶治・川合光／著	定価 5,126 円
非エルミート量子力学	羽田野直道・井村健一郎／著	定価 3,960 円
共形場理論入門 基礎からホログラフィへの道	疋田泰章／著	定価 4,400 円
量子力学を学ぶための解析力学入門 増補第2版	高橋康／著	定価 2,420 円
量子場を学ぶための場の解析力学入門 増補第2版	高橋康・柏太郎／著	定価 2,970 円
古典場から量子場への道 増補第2版	高橋康・表實／著	定価 3,520 円
量子電磁力学を学ぶための電磁気学入門	高橋康／著 柏太郎／解説	定価 3,960 円
新装版 統計力学入門 愚問からのアプローチ	高橋康／著 柏太郎／解説	定価 3,520 円
物理数学ノート 新装合本版	高橋康／著	定価 3,520 円
初等相対性理論 新装版	高橋康／著	定価 3,300 円
入門講義 量子コンピュータ	渡邊靖志／著	定価 3,300 円
物理のためのデータサイエンス入門	植村誠／著	定価 2,860 円
ディープラーニングと物理学 原理がわかる、応用ができる	田中章詞・富谷昭夫・橋本幸士／著	定価 3,520 円
これならわかる機械学習入門	富谷昭夫／著	定価 2,640 円
マーティン／ショー 素粒子物理学 原著第4版	B. R. マーティン・G. ショー／著 駒宮幸男・川越清以／監訳 吉岡瑞樹・神谷好郎・織田勧・末原大幹／訳	定価 13,200 円

※表示価格には消費税（10％）が加算されています。 「2023年8月現在」

講談社サイエンティフィク　https://www.kspub.co.jp/